高等职业教育新形态精品教材

总主编／肖勇　傅祎

环境景观规划设计

主　编　刘巍　赵肖

副主编　李卓　张洪双　刘卓

参　编　何靖泉　杨金花　宋雯
　　　　王晓妍　李英辉　阎明

ENVIRONMENTAL LANDSCAPE PLANNING AND DESIGN

北京理工大学出版社
BEIJING INSTITUTE OF TECHNOLOGY PRESS

内容提要

本书共包括四个项目：项目一为居住区绿地景观规划设计，详细介绍了项目接洽、项目调研与测量、项目主题确定、项目表现与汇报；项目二为庭院景观规划设计，主要包括小游园庭院景观设计和别墅庭院景观设计；项目三为广场景观规划设计，主要包括市政广场景观设计和休闲广场景观设计；项目四为公园景观规划设计，主要包括主题公园景观设计、湿地公园景观设计和儿童公园景观设计。

本书可作为高等职业院校园林景观设计专业的教材，对景观设计师、园林设计师及相关从业人员也有一定的参考价值。

版权专有　侵权必究

图书在版编目（CIP）数据

环境景观规划设计 / 刘巍，赵肖主编. —北京：北京理工大学出版社，2023.7重印
ISBN 978-7-5682-6744-1

Ⅰ.①环… Ⅱ.①刘… ②赵… Ⅲ.①景观设计－环境设计－高等职业教育－教材 Ⅳ.① TU-856

中国版本图书馆 CIP 数据核字（2019）第 031796 号

出版发行 / 北京理工大学出版社有限责任公司
社　　址 / 北京市海淀区中关村南大街5号
邮　　编 / 100081
电　　话 / （010）68914775（总编室）
　　　　　（010）82562903（教材售后服务热线）
　　　　　（010）68944723（其他图书服务热线）
网　　址 / http：//www.bitpress.com.cn
经　　销 / 全国各地新华书店
印　　刷 / 河北鑫彩博图印刷有限公司
开　　本 / 889毫米×1194毫米　1/16
印　　张 / 8
字　　数 / 223千字
版　　次 / 2023年7月第1版第3次印刷
定　　价 / 49.00元

责任编辑 / 王玲玲
文案编辑 / 王玲玲
责任校对 / 周瑞红
责任印制 / 边心超

图书出现印装质量问题，请拨打售后服务热线，本社负责调换

总序 GENERAL PREFACE

20世纪80年代初，中国真正的现代艺术设计教育开始起步。20世纪90年代末以来，中国现代产业迅速崛起，在现代产业大量需求设计人才的市场驱动下，我国各大院校实行了扩大招生的政策，艺术设计教育迅速膨胀。迄今为止，几乎所有的高校都开设了艺术设计类专业，艺术类专业已经成为最热门的专业之一，中国已经发展成为世界上最大的艺术设计教育大国。

但我们应该清醒地认识到，艺术和设计是一个非常庞大的教育体系，包括了设计教育的所有科目，如建筑设计、室内设计、服装设计、工业产品设计、平面设计、包装设计等，而我国的现代艺术设计教育尚处于初创阶段，教学范畴仍集中在服装设计、室内装潢、视觉传达等比较单一的设计领域，设计理念与信息产业的要求仍有较大的差距。

为了符合信息产业的时代要求，中国各大艺术设计教育院校在专业设置方面提出了"拓宽基础、淡化专业"的教学改革方案，在人才培养方面提出了培养"通才"的目标。正如姜今先生在其专著《设计艺术》中所指出的"工业＋商业＋科学＋艺术＝设计"，现代艺术设计教育越来越注重对当代设计师知识结构的建立，在教学过程中不仅要传授必要的专业知识，还要讲解哲学、社会科学、历史学、心理学、宗教学、数学、艺术学、美学等知识，以培养出具备综合素质能力的优秀设计师。另外，在现代艺术设计院校中，设计方法、基础工艺、专业设计及毕业设计等实践类课程也越来越注重教学课题的创新。

理论来源于实践、指导实践并接受实践的检验，我国现代艺术设计教育的研究正是沿着这样的路线，在设计理论与教学实践中不断摸索前进。在具体的教学理论方面，几年前或十几年前的教材已经无法满足现代艺术教育的需求，知识的快速更新为现代艺术教育理论的发展提供了新的平台，兼具知识性、创新性、前瞻性的教材不断涌现出来。

随着社会多元化产业的发展，社会对艺术设计类人才的需求逐年增加，现在全国已有1400多所高校设立了艺术设计类专业，而且各高等院校每年都在扩招艺术设计专业的学生，每年的毕业生超过10万人。

随着教学的不断成熟和完善，艺术设计专业科目的划分越来越细致，涉及的范围也越来越广泛。我们通过查阅大量国内外著名设计类院校的相关教学资料，深入学习各相关艺术院校的成功办学经验，同时邀请资深专家进行讨论认证，发现有必要推出一套新的，较为完整、系统的专业院校艺术设计教材，以适应当前艺术设计教学的需求。

我们策划出版的这套艺术设计类系列教材，是根据多数专业院校的教学内容安排设定的，所涉及的专业课程主要有艺术设计专业基础课程、平面广告设计专业课程、环境艺术设计专业课程、动画专业课程等。同时，还以专业为系列进行了细致的划分，内容全面、难度适中，能满足各专业教学的需求。

本套教材在编写过程中充分考虑了艺术设计类专业的教学特点，把教学与实践紧密地结合起来，参照当今市场对人才的新要求，注重应用技术的传授，强调学生实际应用能力的培养。而且，每本教材都配有相应的电子教学课件或素材资料，可大大方便教学。

在内容的选取与组织上，本套教材以规范性、知识性、专业性、创新性、前瞻性为目标，以项目训练、课题设计、实例分析、课后思考与练习等多种方式，引导学生考察设计施工现场、学习优秀设计作品实例，力求教材内容结构合理、知识丰富、特色鲜明。

本套教材在艺术设计类专业教材的知识层面也有了重大创新，做到了紧跟时代步伐，在新的教育环境下，引入了全新的知识内容和教育理念，使教材具有较强的针对性、实用性及时代感，是当代中国艺术设计教育的新成果。

本套教材自出版后，受到了广大院校师生的赞誉和好评。经过广泛评估及调研，我们特意遴选了一批销量好、内容经典、市场反响好的教材进行了信息化改造升级，除了对内文进行全面修订外，还配套了精心制作的微课、视频，提供了相关阅读拓展资料。同时将策划出版选题中具有信息化特色、配套资源丰富的优质稿件也纳入本套教材中出版，并将丛书名调整为"高等职业教育新形态精品教材"，以适应当前信息化教学的需要。

高等职业教育新形态精品教材是对教育信息化教材的一种探索和尝试。为了给相关专业的院校师生提供更多增值服务，我们还特意开通了"建艺通"微信公众号，为读者提供行业资讯及配套资源下载服务。如果您在使用过程中，有任何建议或疑问，可通过"建艺通"微信公众号向我们反馈。

诚然，中国艺术设计类专业的发展现状随着市场经济的深入发展将会逐步改变，也会随着教育体制的健全不断完善，但这个过程中出现的一系列问题，还有待我们进一步思考和探索。我们相信，中国艺术设计教育的未来必将呈现出百花齐放、欣欣向荣的景象！

肖 勇 傅 祎

前言 PREFACE

教育部《关于全面提高高等职业教育教学质量的若干意见》指出："课程建设与改革是提高教学质量的核心，也是教学改革的重点和难点。高等职业院校要积极与企业合作开发课程，根据技术领域和职业岗位（群）的认知要求，参照相关的职业标准，改革体系和教学内容。"随着社会经济的不断发展，对从业者的素质要求越来越高，高职院校要积极进行课程建设与改革，以帮助从业者提高职业能力，做到学有所用。

本书根据《高等职业教育环境艺术设计专业教学基本要求》，基于工作过程，按照"项目导向、任务驱动、理实一体"的模式进行编写，编写时以职业能力为本，以学习项目和任务为主线，贯穿人才培养的全过程。在课程结构设计上，尽可能适应行业变化，结合学生的实际情况，遵循国家职业技能鉴定标准，突出职业岗位和职业技能的相关性，从而满足社会对环境艺术设计人才的需求。

本书由刘巍、赵肖任主编，李卓、张洪双、刘卓任副主编，何靖泉、杨金花、宋雯、王晓妍、李英辉、阎明参编。具体编写分工如下：项目一和项目四由刘巍、赵肖编写，项目二和项目三由李卓、张洪双、刘卓、何靖泉编写，杨金花、宋雯、王晓妍负责录视频、查找资料、整理图片及后期的材料整理等工作，大连雅森园林景观设计公司李英辉和沈阳大展环境艺术设计有限公司阎明两位企业设计师为教材的编写提供了案例。书中还参考了国内外有关著作、专业网站及相关设计作品，在此向作者表示衷心的感谢。

由于编者水平有限，书中难免有不妥和疏漏之处，敬请各位专家、同行及读者提出宝贵意见。

编 者

目录 CONTENTS

项目一 居住区绿地景观规划设计┈001

任务1 项目接洽┈001
任务2 项目调研与测量┈013
任务3 项目主题确定┈024
任务4 项目表现与汇报┈050

项目二 庭院景观规划设计┈063

任务1 小游园庭院景观设计┈063
任务2 别墅庭院景观设计┈074

项目三 广场景观规划设计┈084

任务1 市政广场景观设计┈084
任务2 休闲广场景观设计┈091

项目四 公园景观规划设计┈100

任务1 主题公园景观设计┈100
任务2 湿地公园景观设计┈108
任务3 儿童公园景观设计┈115

参考文献┈122

PROJECT ONE
项目一　居住区绿地景观规划设计

导　读

　　本项目介绍了居住区绿地景观设计的方法、步骤，以及居住区绿地景观设计的含义，并提炼出具体的设计思路，完整的设计分析、设计表达等方法与案例。

任务1　项目接洽

知识点：项目接洽的含义；任务书的形式；居住区景观设计概念。
技能点：掌握项目接洽的步骤、任务书中进度表的制定、设计方案平面图的分析等。

任务导入

一、项目接洽

　　项目接洽是设计启动的第一阶段。这一阶段要初步解决公司与客户双方针对项目所提出的问题。此阶段的充分沟通、彼此信任、彼此认同非常重要，会直接影响项目的方案确定、平面图绘制以及后期的施工。这个阶段包括初步接触、深入会谈、任务确定等工作步骤（图1-1-1、图1-1-2）。

图1-1-1　项目交流

图1-1-2　项目进度商榷

1. 初步接触

任何初步接触都将对客户和公司带来深远的影响，因为在这个过程中，客户仍然只是潜在客户，公司也仅仅是客户的一个选择点，所以初步接触是双方的，需要知己知彼、有的放矢、充分准备才能取得对方的信任。

因此，公司在与客户接触之前，必须掌握客户以及项目的全面信息，比如客户的基本情况、可能的服务需求、以往与其他公司合作情况、以往委托项目及现有状况，但最主要的是需要了解本次项目的场地状况、周边环境、公司意向等。要准备多套设计意向图，用清晰的设计理念与客户进行全方位沟通，充分展示公司的设计能力、创新特点、团队能力、成功经验等。

而客户在与公司接触之前，需要全面了解公司的运营情况、完成项目情况、服务能力、设计能力等，并且整理好所委托项目的一切有关资料，以及自己对项目的基本要求，以便与公司进行沟通。在初步接触中，需要了解公司的最基本的设计理念，以达到可以对各公司设计理念进行相互对比的目的。

初步接触的第一印象非常重要，公司与客户会进行相互选择，决定是否给予对方相应的机会。许多项目是公开竞标的，如果公司表现较好，留给客户的印象深刻，就容易得到客户的竞标邀请（图1-1-3、图1-1-4）。

图1-1-3　资料分析

图1-1-4　项目研讨

2. 深入会谈

公司与客户双方取得认可与基本信任后，会围绕项目进行深入讨论。深入会谈的最终目的是双方达成互信。

客户会派出项目负责人与公司的负责人或高层进行全面商谈。深入会谈中，公司需要有充足的准备去解决客户提出的问题，要做到未雨绸缪，全面考虑，包括项目初步设计方案、设计理念、创新思维、人性化设计、功能划分、植物配置、主题表现等方面，以确保可以最优化地展现公司的设计能力。

而客户则需要总结初步接触后仍需了解的有关问题，更好地了解公司的设计理念，并且为公司提供全套有关项目的信息，让公司更好地为自己服务，提供完善的设计方案。

3. 任务确定

对于公司来说，项目接洽的最终目的是获得客户的委托，签订项目设计合同。在完成初步接触和深入会谈后，双方达到互信，并对初步方案认可。这时，公司会在众多竞争者中脱颖而出，接受客户的项目委托。客户会在前期沟通的基础上提出更加具体的任务和要求，要求公司提交项目建议书、项目进度表、项目策划书、可行性方案等书面材料，并进行项目设计的全方案制作以及预算。

公司应注意事项

至此，项目接洽任务基本完成（图 1-1-5、图 1-1-6）。

图 1-1-5　项目确定

图 1-1-6　项目达成

二、成立项目设计小组

以真实项目及工作过程为依据，按照职业岗位能力要求，组建 4 人左右的研讨小组，以公司的形式出现，按公司运营模式，成员之间进行分工，参与整个设计过程。对小组成员的要求如下：

（1）需要有整体规划和组织能力；
（2）具体实施中需要有较强的手绘表达能力；
（3）具有较强的计算机软件运用能力；
（4）具有成果汇报的语言表达能力。

要根据每个成员的差异，依据景观设计师具体工作的流程与任务进行合理分工，以达到事半功倍的效果（图 1-1-7）。

景观设计流程

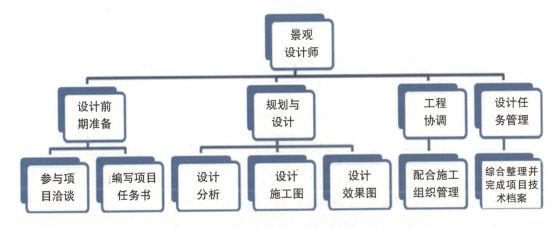

图 1-1-7　景观设计师具体工作的流程与任务

三、编制项目任务书与进度表

目前，我国景观设计任务主要有委托设计和招标设计两种形式。但无论哪种形式，委托方（或招标方）都要给出项目任务书。任务书的内容主要包括项目概况、设计依据、竞标方式、设计成果要求（总体要求的具体内容包括设计图版展示和文字说明、设计成果文件等）、评标办法、日程安排、费用补偿等。

景观设计合同范本

在制定任务书阶段，设计人员应该充分了解设计委托方的具体要求，包括对设计的期望、对设计的造价和时间期限要求等内容。这些内容往往是整个设计的根本依据，从中可以确定哪些值得深入细致地调查和分析，哪些只需做一般的了解。在项目任务书及项目进度表阶段很少用到图面，文件以文字说明为主。项目进度表如表 1-1-1 所示。

表 1-1-1　项目进度表（大连雅森园林景观设计公司提供）

项目名称：　　　　　　　进度时间：　月　日至　月　日
项目地址：　　　　　　　项目面积：
主创设计师：　　　　　　助理设计师：

序号	设计流程	设计任务	完成时间	备注
1	资料收集与调研（__工作日）	甲方提供 CAD 总平面图	__月__日	
		建筑底层平面图		
		场地标高		
		建筑设计院对该项目的设计取向		
		项目现场照片	__月__日	
		项目周边条件照片	__月__日	
		甲方要求的项目意向图、效果图的收集整理	__月__日	
		调研项目所在城市的人文、历史、民俗、气候特点、经济特色、城市发展导向等	__月__日	
		与甲方交谈了解意图，对项目的风格做初步的定位及资料整理	__月__日	
		综合相关资料确定文化主线	__月__日	
		寻找与主题相关的图片	__月__日	
2	概念方案（__工作日）	概念草图：对整体空间进行划分、安排主干路线、分析轴线等	__月__日	
		功能分析：对各功能进行分区定位，确定功能分布，并明确主题	__月__日	
		组团分析：对各功能组团文化进行定位，并对组团文化进行分析	__月__日	
		细化草图：细化概念草图，并在彩色平面图（彩平图）绘制前内部交底	__月__日	
3	设计方案（__工作日）	绘制彩平图、总平面图	__月__日	
		分析图设计：交通分析、功能分析、轴线分析、植被分析、设施分析、经济分析等	__月__日	
		意向图：小品意向、设施意向、植物意向、园路铺装意向等	__月__日	
		方案效果图具体张数按甲方要求出图	__月__日	
		施工图按甲方要求出图	__月__日	
		方案鸟瞰图绘制	__月__日	
4	方案展示（__工作日）	对方案进行汇报前的修改，对不足之处进行调整，制作 PPT，并进行最终的方案汇报与审核	__月__日	

四、绘制项目原始基地图

东北地区某居住小区的绿地景观设计，规划用地面积为 2 500 m² 左右，主要采用传统和现代相结合的设计风格，强调特色文化氛围，集观赏、休憩功能为一体，具有极佳的可居性。

1. 场地概况

为改善居民居住条件，建造了一处欧陆风格的居住小区。淡茶红色墙面，白色塑钢窗框，浅绿色玻璃，户型安排合理。小区实施封闭式管理，主入口设在东侧。小区主要居住人群为一般工薪阶层，文化程度较高。

2. 设计要求

（1）创造优质环境，既要满足市民户外休闲活动要求，又要体现其自身特点，不与一般小区绿化雷同；

（2）结合地形和建筑群的风格，承中国造园理念，创现代居住环境新形式；

（3）环境绿化率应在 60% 以上，植物材料宜采用当地能露地生长的本地气候带常用树种，不追求奇花异卉；

（4）硬质铺装率应在 20% 以上，保证周边群众的运动场地充足；

（5）具有一定的休息区；

（6）具有一定的水体元素。

3. 图纸要求

①总平面图比例为 1:500；②整体方案设计鸟瞰图；③各种概念及分析图（至少 4 张）；④景观设计意向图（不限张数）；⑤植物列表（10 种左右）；⑥若干局部平面施工图；⑦3~4 张局部主景效果图；⑧1 000 字左右的设计说明；⑨PPT 方案汇报。

4. 周边环境

场地东部人流较大，可考虑在小区中心修建一个小型广场。场地东部为进入小区的主入口，要考虑消防通道的设置。考虑到小区的封闭性管理，场地内道路应满足进入各栋建筑的道路需求，不一定形成环路。小区居民文化水平较高，可考虑建造一些高雅的景观小品，以满足居民日常文化生活需要。要求既要体现自身特色，又要秉承中国造园理念，故布局可采用较为灵活的形式，同时，景观要体现小区特色（图 1-1-8）。

充分考虑现状条件，抓住场地特征，正确分析各相关要素。设计方案要能合理运用地形、水、植物、园林建筑等景观设计要素，布局合理，交通清晰流畅，构思新颖，能充分反映时代特点，具有独创性、经济性和可行性。注意乔木、灌木、草地的合理配置和植物的季相效果。设计需满足以人为本的基本理念，符合人体工程学和景观设计常规要求。图面表达清晰美观并符合园林制图规范，设计应符合国家现行相关法律法规。

图 1-1-8　居住小区原始平面图及设计要求

知识链接

一、景观设计基础认知

1. 景观的概念

"景观"一词的初始含义以视觉美学方面的含义为主，与"风景"同义，主要包括自然景观及人文景观。随着时代的变迁和科学的进步，"景观"的概念也有了外延性的变化，形成了多专业、多理解的全新局面。地理专业将景观定义为一种景象，或是综合自然地理区，或是一种类型单位的通称，如城市景观、湿地景观等；艺术家把景观作为表现与再现的对象，人为地进行干预与改变；建筑师则将景观作为建筑物的配景，突出主体的元素；生态学家把景观定义为生态系统或生态系统的系统。而对景观设计师来说，景观则指的是风景、山水、地形、地貌等土地及土地上的物质和空间所构成的综合体。它是复杂的自然过程和人类活动在大地上双重作用的体现，最终形成具有特定区域特性、地理特性、自然特性的综合体（图1-1-9、图1-1-10）。

景观其实是人们视觉审美的对象，也是人类生存过程中留下的符号，体现了人类发展的过程。

图1-1-9 美国亚利桑那州北方的羚羊峡谷——自然景观

图1-1-10 迪拜棕榈岛——人工景观

2. 景观设计

从广义上来讲，景观设计是人类对环境进行有意识的改造的过程，其特别强调为土地上及人类的一切户外空间中所存在的问题提供解决方案和解决途径，形成更适合人类居住的生活环境。

刘滨谊教授提出了现代景观规划设计三元论。认为现代景观规划设计包括视觉景观形象设计、环境生态绿化设计、大众行为心理设计三方面内容：

（1）视觉景观形象设计主要是从人类视觉形象感受要求出发，根据美学规律，利用空间实体景物，研究如何创造赏心悦目的环境形象。

（2）环境生态绿化设计是随着现代环境意识运动的发展而注入景观规划设计的现代内容。它主要是从人类的生理感受要求出发，根据自然界生物学原理，利用阳光、气候、动植物、土壤、水体等自然元素和人工材料，研究如何创造令人舒适的、良好的物质环境。

（3）大众行为心理设计是随着人口增长、现代多种文化交流以及社会科学的发展而注入现代景观规划设计的内容。它主要是从人类的心理精神感受要求出发，根据人类在环境中的行为心理乃至精神活动的规律，利用心理、文化的引导，研究如何创造使人赏心悦目、积极上进的环境。

二、居住区景观设计认知

1. 居住区景观功能

居住区景观指在居住区的户外开敞空间和空间内,对自然要素进行人工干预所形成的景观。它为生活在居住区内的居民提供服务。居住区景观需要营造优美舒适的共享式户外生活环境,方便居民开展聚会等户外活动,这种环境对居民的生理、心理、行为都会产生直接或间接的影响(图 1-1-11~图 1-1-13)。

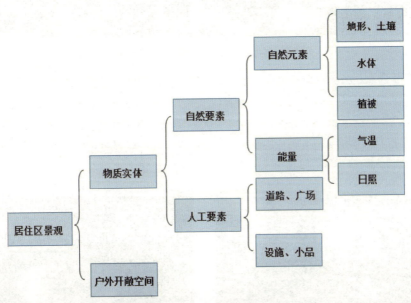

图 1-1-11 居住区景观构成要素

图 1-1-12 泰国 Baan San Ngam 公寓景观鸟瞰图

图 1-1-13 泰国 Baan San Ngam 公寓景观

2. 居住区景观基本类型

居住区景观由居住区公园与小区游园、公共绿地、专用绿地、道路绿地和宅间绿地等组成。

(1)居住区公园与小区游园。居住区公园和小区游园属于城市公园绿地体系中的"社区公园"类别,主要为一定范围内的特定居民提供服务,是具有一定多功能服务区和设施的特定空间,是居住区居民的共享空间(图 1-1-14)。

图 1-1-14　深圳高档居住区公园景观

（2）公共绿地。公共绿地也称为组团绿地，即住宅群间的大片公共绿地，是居民集体的室外生活空间，也是衡量居住环境质量的一个重要组成部分。公共绿地设计需要考虑的因素较多，包括老人、儿童的活动特点和需要，还包括聚会、活动、健身、休闲等方面的需求，要有相应的活动区域，避免相互打扰。绿化面积有相应的规定，一般不少于50%，最好达到60%，而硬质铺装不得少于20%，要保证人们的正常活动需求（图1-1-15、图1-1-16）。

图 1-1-15　居住区公共绿地效果图

图 1-1-16　居住区公共绿地实景图

（3）专用绿地。专用绿地是指居住区内一些带有院落的住宅、幼儿园、公共建筑、公共设施的附属绿地空间，这部分空间隶属于个人或单位，不具有共享性与开放性。专用绿地的设计风格要与居住区整体景观相协调（图1-1-17、图1-1-18）。

（4）道路绿地。道路绿地是指居住区道路两旁，为满足遮阴防晒、保护路面、美化街景等功能需要而布置的绿地。道路绿地是联系居住区内各项绿地的纽带，对居住区的面貌有着极大的影响（图1-1-19、图1-1-20）。

（5）宅间绿地。宅间绿地是指住宅间的绿化空间，是居住区最基本、最小的景观单元，分散在居住区的各个角落，范围广泛。这种绿地空间的形状灵活多样，有直线式、曲线式、院落式和散点式；这些零散的空间不可以忽略，需要与整体景观规划统一，可以种植树木，提升绿化覆盖率，或者配备相应的休闲设施、小品等景观元素（图1-1-21、图1-1-22）。

三、居住区绿地定额指标

《居住区绿地设计规范》规定，新建居住区中绿地覆盖率不低于30%，旧区改造中绿地覆盖率不低于25%；居住小区公共绿地应不少于1 m^2/人。

居住区绿地设计规范

图 1-1-17 专属庭院绿地

图 1-1-18 东莞塘厦金地博登湖私人别墅花园

图 1-1-19 澳大利亚澳新军团百年纪念大道

图 1-1-20 1891·印长江居住区道路绿地

图 1-1-21 居住区宅间绿地

图 1-1-22 居住区宅间绿地规划

四、居住区景观设计原则

居住区景观设计包括对基地自然状况的研究和利用、对空间关系的处理和改造、使居住区景观与居住区整体风格融合和协调，包括道路的布置、水景的组织、路面的铺砌、照明设计、小品设计、公共设施的处理等，这些方面的设计既有功能意义，又涉及人的视觉和心理感受。在进行景观设计时，应该遵循一定的设计原则，具体体现在以下几个方面。

1. 安全性原则

居住区是人们生活的地方，对于居住区景观而言，安全性是人们最基本、最重要的需求。安全的居住区景观可以提升人们的生活质量，增强人们的归属感。安全性不仅体现在安全感营造方面，而且体现在景观元素的安全性设计上,例如,道路尽量不要有高低落差的安全隐患,水景要浅,并且尽量不要有电力存在,安全性设计要考虑到儿童与老人的使用,儿童游戏区设计要考虑到儿童的行为能力等(图 1-1-23、图 1-1-24)。

图 1-1-23 儿童游戏区的安全性设计

图 1-1-24 景观绿化区的安全性设计

2. 地域性原则

居住区景观设计要把握地域文化和历史脉络。在设计之初要对所在地的地域文化、民俗风情、历史脉络等进行全面的调研和资料收集。我国幅员辽阔,每个地区居住区景观设计的主题都要充分体现地方特征和基地的自然特色。例如,浐灞绿地与湖住宅区位于西安,根据建筑定位,景观设计与"轻唐风"结合,这种地域文化的注入使项目价值得到提升(图 1-1-25、图 1-1-26)。

图 1-1-25 具有地域性的居住区景观(1)

图 1-1-26 具有地域性的居住区景观(2)

3. 整体性原则

居住区景观设计的整体性原则相当重要,要素风格要协调统一,各类空间的设置比例要适当,各种设施的配置、数量要协调,植物的搭配也要整体统一,具有一定的系统性。在居住区景观设计中,各种元素之间要相互联系、相互制约,形成一个整体协调的网络,要与整个小区的规划以及周边建筑和景观的规划和谐统一(图 1-1-27、图 1-1-28)。

4. 参与性原则

居住区景观设计要"以人为本""全员参与",居住区景观设计中,参与性具有重要的意义。居住区景观设计的目的就是为周边居民提供一个可以聚会、游玩、活动、游戏的共享空间。

居住区景观设计必须能唤起居民的参与性,让人们可以享受生活的乐趣与便利性。例如,可以在景观中设置一个特有的活动区域,摆放一些互动性、体验性、参与性较强的生活设施,满足居民对活动的

图 1-1-27　与建筑风格相协调的景观规划

图 1-1-28　与绿化相协调的道路铺装

需求；戏水区可以增添景观的美观性，也可以增加景观的参与性，更好地让景观贴近人们的生活；还可以设置一个儿童游戏区，供儿童游戏，让儿童享受快乐的童年（图1-1-29、图1-1-30）。

图 1-1-29　儿童游戏区

图 1-1-30　戏水休闲区

5. 可识别性原则

可识别性是居住区景观设计中的一个重要指标，它是指人置身景观空间中可以轻松地分辨方向。景观空间尺度较大，很难用体感来清楚地分辨方向，所以要借助多种方法来提高居住区的可识别性，比如树立标志物、设计节点、创造独特的景观小品、形成特有的空间环境等，这些都可以使整个景观环境方向明确、结构清晰，增加景观的可识别性（图1-1-31、图1-1-32）。

图 1-1-31　独特的曲线性引导墙

图 1-1-32　标志牌

6. 适配性原则

适配性主要体现在植物的绿化设计方面。对于植物的适配性设计，源于对自然的深刻理解和顺应自然规律，包括植物之间的相互关系，不同土壤、地形、气候等与植物的相互关系，只有将这种认识与景观美学融合，才能从整体上更好地体现出植物群落的美，并在维护这种整体美的前提下，适当利用造景的其他要素，来展现景观的丰富内涵，从而使它源于自然而又高于自然。例如，一棵乔木可以成为孤植独景，也可以搭配小乔木、灌木等体现出层次感（图1-1-33、图1-1-34）。

图1-1-33 植物配置实景

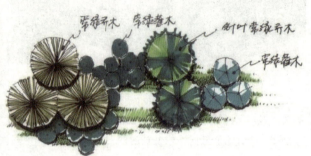
图1-1-34 植物配置手绘平面图

任务实训

1. 成立设计3~4人的研讨小组。
2. 根据给定的项目进行任务进度的具体编写。
3. 根据给定的项目进行合理的平面图绘制。

任务 2　项目调研与测量

知识点：资料收集方法；基地测量的种类；基地分析。
技能点：掌握现场测量的方法、基地调研与分析方法、基地调研表绘制方法等。

任务导入

一、资料收集

接到初步的设计任务之后，就要着手收集项目基地相关资料，并补充不完整的信息。主要通过以下几种方法获得更为完整的资料。

1. 甲方提供现有资料

甲方在设计之初会提供场地基本原始图纸，包括场地现有总平面图、建筑底层平面图、建筑户型图、建筑场地标高以及甲方居住区景观设计意向图等（图1-2-1、图1-2-2）。

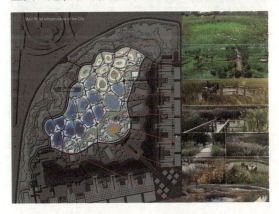

图1-2-1　平面基地图

图1-2-2　甲方提供的平面图

2. 文献查找

有些资料如该区域的人文、历史、民族风情、气候、特产等，除了甲方提供之外，还可通过网络或者书籍获得。这些材料前期收集得越完整，越有利于后期对风格、主题、元素、植物的确定，以及对材料的选择（图1-2-3、图1-2-4）。

图1-2-3　竹桥

图1-2-4　竹园

二、现场复核及测量

由于业主或者城建部门提供的图纸与现场测量的情况可能经过一段时间会因为某些不可控的原因而不一致,所以,项目接手后,设计师需要到现场进行场地调研与尺寸测量,以便更好地掌握基地现状,对于一些关系到方案设计的重要地形、现场植物的保留与重新规划、周边环境的现状等方面,都要进行数据的记录,以便存档,为后期设计提供依据。

测量的方法一般有以下几种。

1. 卷尺测量

居住区景观的空间有大有小,所以测量的方式也会不同。场地平整,尺度较小的空间,可以采用钢尺和卷尺相结合的方式进行测量。设计师到现场进行复核,一方面可以对现场进行核对,另一方面也能加深对基地现状的了解,加深对现场的感受(图1-2-5、图1-2-6)。

图 1-2-5　现场测量

图 1-2-6　安排测量任务

2. 步测

在户外,如果手边没有卷尺或其他仪器,需要量较小的尺寸时,就可以采用步测的方式。用这种方法测量前,设计师需要练习步幅,使步幅保持在 50 cm 左右。此外,如果物体很小,还可以量出脚长,练习叠步,以测量出小体量物体的尺寸。

3. 基线测量

通过一条已知长度的基线来定框各边或者各点。这种方法适用于面积不是很大,地势又较为平坦的场地。

4. 仪器测量

利用经纬仪、水准仪、全站仪等器械对场地进行测量。如果场地地势起伏复杂,还可以利用 GIS (Geographic Information System,地理信息系统)等方法对地形进行测量。全站仪的工作特点:

(1)能同时测角、测距并自动记录测量数据;
(2)设有各种野外应用程序,能在测量现场得到归算结果;
(3)能实现数据流。

三、基地分析

基地分析是在人们客观调查及主观评价的基础上,对基地及其周边环境、小气候等要素进行各种综合性的分析与评价。进行基地分析，能更好地发挥现有基地的优势，改进基地潜在的缺陷。

在整个景观设计前期的准备过程中，基地分析占有很重要的地位，它有助于项目的空间规划和各项景观细节的设计，这个分析过程中偶尔迸发出的灵感对后期方案的设计也是很有价值的。对项目调研结果进行分析，见表1-2-1。

表1-2-1　项目调研表

项目名称	调研实地情况	调研图片展示	调研分析

基地分析包括很多基础性内容，如坡级分析、排水分析、小气候分析、日照分析等。这些内容的分析是可做分项的，所以应该做得比较细致和深入。基地综合分析图的图纸宜用描图纸，各分项内容可用不同的颜色加以区别。基地分析的内容主要包括以下几个方面。

1. 地形

依据地形图，再根据实地调研，可掌握现有地形的起伏与分布、地形的自然排水类型等。其中地形起伏的坡级很重要，它能帮助我们确定建筑物、道路、停车场地以及不同坡度要求的活动内容是否适合建造于某一地形上。坡级分析中，用由淡到深的单色表示坡度由小变大。因此，坡级分析对合理地安排用地、植被、排水类型和土壤等起着至关重要的作用。

2. 土壤

土壤调查主要包括土壤的类型、结构，土壤中有机物的含量，土壤的pH，土壤的承载力、抗剪切强度、透水性、安息角，土壤冻土层深度期的长短，土壤受侵蚀状况。

一般较大的室外工程项目需要了解有关土壤情况的综合报告，较小规模的工程则只需了解主要的土壤特征。在土壤调查中，还可以观察当地植物群落中某些能指示土壤类型、含水量和肥沃程度的指标来协助调研。土壤的承载力是不一样的，通常潮湿、富含有机物的土壤承载力很小。如果超出承载力，就需要采取一定的措施进行加固，如打桩、增加接触面积或铺垫水平混凝土条等。

3. 水体

水体现状调查和分析的内容如下：

（1）现有水面的位置、范围、平均水深，常水位、最低和最高水位等。

（2）水面岸边情况，包括岸边的植物受破坏的程度、现有驳岸的稳定性。

（3）地下水位波及的范围，常水位、地下水，以及现有水面的水质、污染源的位置及污染成分等。

（4）现有水面与基地外水系的关系，包括流向与落差、各种水上设施的使用情况。

（5）结合地形划分出水区，标明汇水点或排水体、主要汇水线。地形中的脊线通常是划分汇水区的界线；山谷线常称为汇水线，是地表水汇集线。

4. 植被

植被调查的内容包括植被的种类、数量、分布以及可利用程度。如果需要设计的基地范围较小、种类不复杂，可以直接进行实地调查和测量定位。而对于规模较大并且种类复杂的情况，应以当地的林业部门的调研结果为依据。在风景区景观规划设计中，还要以当地的自然植物群落作为植被设计的首选。如果该景观植物现已消失，则可以通过对历史的记载和现有环境分析，选择相近的比较容易存活的自然植被。如对现有乔灌木、常绿落叶树、针叶树、阔叶树所占比例的统计与分析，对树种的选择调配、季相植物景观的创造十分有用，并且现有的一些具有较高观赏价值的乔灌木或树群等还能充分得到利用，因此这种植被分析更为重要。

5. 气象资料

气象资料包括基地所在地区常年积累的气象资料及基地范围内的条件。在同一地区，观察一年中夏至的太阳高度角、日照时间和方位角，可以分析出日照状况，确定阴坡和常年日照的基地。如菜园及儿童游戏场等应设在日照区内。通过这种分析，可以为景观的植被设计提供依据。

知识链接

一、居住区景观的构成要素

居住区景观的构成要素主要分为主观要素和客观要素。主观要素指居住区的地域人文环境、人员组成、住户行为心理等；客观要素则主要包括绿地、道路、铺装、小品以及水景等（图1-2-7）。

图1-2-7　景观节点构成

1. 绿地

绿地是居住区景观的最基本构成要素，也是居民休闲观赏的最佳空间，衡量一个小区是否适合人居住，绿地是最重要的参考因素。绿地主要包括公共绿地、道路绿化以及屋顶绿化，涉及的细节则包括树种选择、种植密度、草坪面积等。

公共绿地是居民休闲、活动、聚会的主要户外场所，公共绿地的美观与覆盖率可以影响到人们的身心健康，设计师要保证公共绿地的设计体现"以人为本、以人为先"的设计理念（图1-2-8）。

道路绿化主要起到各类绿地之间的纽带作用，它将各种绿地景观连接起来，营造统一协调、温馨和谐的居住环境（图1-2-9）。

屋顶绿化由于所处的位置环境与其他绿化有着极大的不同，它受太阳照射时间、光线以及风力、温差等的影响较大，所以在设计方面有着更多的约束（图1-2-10）。

图1-2-8　公共绿地

图1-2-9　道路绿化

图1-2-10　屋顶绿化

2. 道路

道路作为居住区景观的构成要素之一，不但起到了疏导小区交通的作用，同时也为小区景观功能空间的划分提供了最直接的元素参考。好的道路设计融入整体环境就成了一道美丽的风景。

居住区景观道路按照使用性质的不同，一般可分为车行道和人行道；按照铺装材质的不同，一般可分为水泥、沥青、砖、石等道路。在居住区景观中的道路，特别是景观小道，常常富于变化，往往需要营造一种"曲径通幽、步换景移"的优美氛围（图1-2-11、图1-2-12）。

图1-2-11 居住区道路（1）

图1-2-12 居住区道路（2）

3. 铺装

铺装主要应用在居住区景观的广场、道路等地，适用于休闲、娱乐、聚会等人流相对集中的功能空间。铺装可以通过场地的高差、图案的大小、色彩的变化、材质的搭配、元素的结合等，营造出具有特色的路面，形成一种独特的景观。

（1）规范图案的重复使用。重复使用某一标准图案，有时可以取得一定的效果。但是在面积较大的空间中会产生单调感，这种情况下可以在适当的位置插入其他图案，或用小的重复图案再组织较大的图案，使铺装图案更丰富些。运用不同的材质，同样可以表现出不同的效果。例如，石材纹理，质感厚重，能够烘托出庄严雄伟的艺术效果；木材的温和与雅致，在视觉上能够给人以和谐感。拼砖铺装不但色彩丰富，而且形状多样，宜形成多种形式风格。用砾石铺成的小路不仅稳固、坚实，而且能够与周围的植物很好地融合，创造出自然的效果（图1-2-13、图1-2-14）。

图1-2-13 居住区景观地面铺装（1）

图1-2-14 居住区景观地面铺装（2）

（2）运用形状表现。铺装的形状是通过平面构成要素中的点、线和形表现出来的。分散布置跳跃的点形图案能够刺激人的感官，并给空间带来活力。线具有强烈的方向指示作用。曲线具有自然的节奏和韵律感，折线和波浪线则具有起伏的动感。在地面铺装的应用中，一般通过点、线、形的组合达到需要的效果。

4. 小品

小品在居住区景观设计中具有举足轻重的地位，经过精心设计的小品会成为整个居住区景观的焦点，形成标志性特色景观。居住区景观中的小品要具有观赏性、趣味性、参与性与功能性。小品的材质、色彩、体量、尺度、题材、位置等都要与居住区内建筑、道路、绿化等融为一体，起到点缀、装饰和丰富景观的作用。

小品有很多种类。雕塑小品可以为居住区景观增添艺术性、文化性、主题性，点缀和渲染景观氛围；园艺小品可以烘托居住区景观的氛围，起点缀、美化环境的作用；设施小品可以在外表上形成装饰，但又同时具有功能性，满足居民的各种生活需求，方便人们的生活，如信息标志、座椅、公告栏、单元牌、电话亭等。另外，小品风格应与建筑风格相统一，展现地方性、民族性的特色，以促进小区个性风格的形成（图1-2-15、图1-2-16）。

图 1-2-15 居住区景观雕塑小品

图 1-2-16 居住区景观休憩设施小品

5. 水景

水作为人们生活中不可缺少的生活元素，是居住区景观最为生动、互动性最强的构成元素，直接影响整个居住区景观的参与性与灵动性。常见的水景有自然水景、泳池水景、庭院水景等。居住区水景如图1-2-17~图1-2-19所示。

图 1-2-17 居住区水景（1）

图 1-2-18 居住区水景（2）

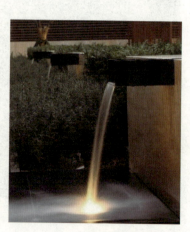
图 1-2-19 居住区水景（3）

自然水景通常与江、河、湖、溪相关联，可通过借景、对景等手法与居住区景观联系起来，发挥自然优势，创造和谐的居住区景观。

泳池水景以静态为主，在营造轻松愉悦环境的同时，要突出水景的参与性与观赏性，既具备游泳戏水的功能，又兼具一定的观赏性，做到实用、美观为一体。

庭院水景通常以人工干预为主。根据空间的不同，可采取多种水段进行设计，比如跌水、溪流、瀑布等，借助水的动态性、灵动性来营造有活力的、互动性强的景观空间。

二、居住区绿地景观设计的布局形式

绿地的布局形式可分为规则式、自然式、混合式。其中规则式有对称规则式、不对称规则式两种形式；混合式则为自然式和规则式相结合的形式。

1. 规则式

规则式即几何图案式，园路、广场、水体等依循一定的几何图案进行布置。对称规则式有明显的主轴线，沿主轴线、道路、绿化、建筑小品等呈对称式布局，给人以庄重、规整的感觉，但形式较呆板，不够活泼。不对称规则式相对自然一些，无明显的轴线，给人以整齐、明快的感觉，多适用于小型绿地——小游园、组团绿地（图1-2-20、图1-2-21）。

图1-2-20 规则式景观设计（1）

图1-2-21 规则式景观设计（2）

2. 自然式

自然式又称自由式，此种布局形式灵活，多充分利用场地原有的自然地形如池塘、坡地、山丘等，给人以自由活泼、富有自然气息感。绿化种植也一般会采用自然式。中国传统造园时所采用的曲折迂回的道路，可以做到"步换景移"，这便是自然式最具代表性的形式（图1-2-22、图1-2-23）。

图1-2-22 新中式居住区景观设计

图1-2-23 居住区景观局部效果图

3. 混合式

混合式既有自然式的灵活布局，又有规则式的正气；既能与四周建筑相协调，又有兼顾自然景观的艺术效果，适用于较大型的居住空间景观设计，让设计具有多面性，表现更加灵活（图 1-2-24、图 1-2-25）。

图 1-2-24　混合式景观中的规则式布局

图 1-2-25　混合式景观中的自然式布局

三、居住区绿化设计

居住区景观设计中最重要的一个元素就是绿化，绿化也是体现整个设计好坏与检验人居环境是否适宜的首要条件。居住区绿化为周边居民创造了富有情趣的生活环境，提供了较好的聚会空间。随着人们物质文化生活水平的提高，人们不仅对居住区室内环境有着较高的要求，而且对居住区的室外环境要求越来越高。如何从绿化设计的角度去创造一个优美的居住区景观来满足人们的心理需求成了一个重要问题（图 1-2-26、图 1-2-27）。

图 1-2-26　居住区景观绿化

图 1-2-27　居住区景观绿化细节

1. 居住区绿化的作用

居住区环境以建筑与景观为主体，而改善小区环境最主要的元素就是绿化。绿化以植物为主体，可以提高小区绿地覆盖率，也可以在视觉上形成良好的景观效果，提升居住区景观的生态功能、造氧功能以及调节环境小气候，真正做到"以人为本、以人为先"，创造出宜人的小区环境，让人可以回归自然。

植物的外观姿态万千，色彩丰富艳丽，多样的植物布置加上建筑、景观小品、水体景观、道路景观等的点缀，增加了居住区景观的层次性，美化了居住区的整体面貌，使居住区的整体环境显得更加生动活泼，更具层次性和季节性。

良好的绿化环境可以为居民提供更好的户外活动场所，绿化环境优美会更贴近人们的内心需求，老人、儿童等都可以在小区内进行游憩、观赏、聚会、社交，为人们互相了解与和谐共处创造了极好的外部条件。

居住区绿化做得好,可以很好地消除人们工作中的疲惫、不快,稳定人的情绪,使人产生放松、愉快的心情,有利于居民身心健康。植物的枝、叶、花、果使人有着不同的感受,它们在调节人们心情的同时,也调节了人们的神经系统,使人摆脱紧张的社会压力,享受舒适的居家生活。

2. 居住区绿化的基本要求

居住区绿化要根据居住区的结构形式合理组织、统一规划。要采取集中与分散,重点与一般,点、线、面相结合的形式,以居住区中心广场或游园为中心景观,以道路绿化为连接,以居住区绿化为基础,从文化、地域、特色等多方面整合,使整个绿化自成一体,协调统一。

居住区以建筑为主体,以景观为辅。景观应该充分利用自然地形,坡地、洼地、劣地都要成为绿化用地,以节约用地。要对场地原有树木最大化地加以保护,利用并规划到景观绿地中,与居住区环境融为一体。

居住区绿化设计要特别强调人性化,居住区绿地是居民休闲、运动、集会、交流和游憩的场所;孩子们能在游园中嬉戏,老人可以运动、交流,年轻人可以聚会、沟通。因此,在居住区入口直到各建筑单元,都需要进行绿化,使居住区绿地覆盖率达到50%以上,这样才可以更好地改善居住区的环境,让人们随时享受新鲜空气、自然气息、鸟语花香以及和谐的人际关系。

3. 居住区绿化植物搭配

要利用乔、灌木结合,常绿与落叶、速生与慢长相结合,乔灌与地被、草坪相结合,适当点缀花草,构成多层次的复合结构,在进行搭配时,要注意乔木与灌木的比例以(1:3)~(1:6)为宜,草坪面积不高于绿地面积的30%。

植物由于其色彩多样,利用色彩进行色块的设计,比较符合现代人的审美观念。居住区绿化要摒弃以往的一种大色块造景的误区,注重运用色块组合,色块布置简洁明快,可以设计出任意图形图案;采用色块的模纹形状可以达到最快成形的效果,满足快速绿化的要求;只要合理选择色叶树种,就可以让色块四季基本不变。现在常见的色块组合有:红色块为紫叶小檗;绿色块有小叶黄杨、大叶黄杨;黄色块有金叶女贞、金边黄杨(图1-2-28、图1-2-29)。

图1-2-28　居住区景观模纹(1)

图1-2-29　居住区景观模纹(2)

住宅区是居民一年四季生活的区域,因此在植物的配置上更应考虑季相变化,使居民直观上感受居住区内不同的季节变更。不同的景区突出不同的季节,凸显主题,做到"三季有花,四季常绿,四季皆景,景景不同"。

可以选择一些具有强烈季相变化的植物，如雪松、玉兰、法桐、元宝枫、紫薇、女贞、大叶黄杨和应时花卉等，它们萌芽、抽叶、开花、结果的时间交错，季相变化。

另外，要注意整个居住区景观的色相变化，在搭配上可以采用一些色彩对比度较大的树种，这样可以使小区的绿化更加生动活泼，更具有视觉冲击力；树种形态各异，可以根据居住区的主题来进行选择。

形态树种包括翠竹、香樟、梧桐、广玉兰、柳树等；观花树种包括合欢、樱花、海棠、桂花、紫薇等；观叶植物包括银杏、红叶李、红枫、紫叶小檗；观赏期长的宿根地被花卉包括大花马齿苋、鸭跖草、美人蕉、紫露草、醉鱼草、鸢尾、萱草等；芳香植物包括蜡梅、桂花、薄荷、丁香等；观果植物包括火棘、枸杞、桑树等（图1-2-30、图1-2-31）。

图1-2-30 居住区植物对比色应用

图1-2-31 居住区玉兰花应用

草本花卉色彩更加丰富，也更让人赏心悦目，更易于形成居住区花境、花坛的造景效果，增加绿化的覆盖面积与绿化意境。在组合时，要考虑到植物的色彩、形状、高度方面的特点，这样才能搭配协调；另外，还要考虑到周边的地面铺装、草坪面积、水景形式等因素，这些因素都制约着草本花卉的选择。

在大面积绿化的同时，选择明快的彩叶树种，根据情况，大致可以分为基本种植、孤植、丛植、群植（图1-2-32～图1-2-34）。

图1-2-32 居住区景观草坪草本植物应用

图1-2-33 居住区景观道路旁草本植物应用

图1-2-34 居住区景观休闲区草本植物应用

每一个居住区都有着自己的主题、名字，也必定有一个视觉焦点，也就是通常所说的主景。对于居住区景观设计来说，主景可以是水景，也可以是广场，还可以是植物造景，只要能与居住区环境相和谐，就可以成为居住区绿化配置的基调。例如，环境空间以私密性为主，多选择高大的乔木，再搭配灌木、花卉等；环境空间氛围以活泼为主，则可以选择色彩丰富的草、花和树种搭配（图1-2-35、图1-2-36）。

图1-2-35 天津新梅江万科柏翠园（以竹为主）　　图1-2-36 武汉东湖林语居住区景观（以自然为主）

4. 植物配置要点和形式

适合居住区种植的植物种类包括乔木、灌木、藤本植物、草本植物、花卉及竹类。其中，大中乔木犹如绿化环境的基本结构和骨架，在空间中能作为主景树，占有突出的位置与高度，可作为视线的焦点。小乔木在垂直面和顶平面可限制空间，也可作为焦点和构图中心。大灌木一般在2 m以上，在景观中，大灌木犹如垂直墙面，构成闭合空间，顶部可开敞；还能将人的视线与行动引向远处，构成狭小的空间。中灌木能围合空间，起到在高大灌木与小乔木、矮小灌木之间的视线过渡作用。小灌木可不遮挡视线而分隔或限制空间，形成开敞空间。藤本植物是分隔空间、美化环境的重要植物种类，常与棚架等结合，产生覆盖空间，形成绿色"长廊"，具有特殊的绿化效果（图1-2-37）。

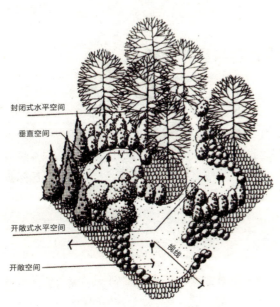

第一个层次——圆冠大乔木
第二个层次——小乔木和高塔形常绿乔木
第三个层次——竖形灌木与团形灌木
第四个层次——成片灌木、长叶形地被和常绿灌木
第五个层次——花卉地被

图1-2-37 植物层次搭配

植物配置的要点：种植设计程序是从总体构思到具体配置，要同时改善植物的组织空间和观赏功能，然后选择植物种类进行配置。多种植物配置时，相互之间应有重叠交错，以增加布局的整体性和群体性。

植物配置的形式：孤植，能突出树木的个体美，可成为开阔空间的主景，多选用粗壮高大、体形优美、树冠较大的乔木。对植，突出树木的整体美，外形整齐美观，高矮大小基本一致，以乔、灌木为主，在轴线两侧对称种植。丛植，以多种植物组合成观赏主体，形成多层次绿化结构，以遮阳为主的丛植多由数株乔木组成，以观赏为主的多由乔、灌木混交组成。树群，由观赏树组成，表现整体造型美，产生起伏变化的背景效果，衬托前景或建筑物，由数株同类或异类树种混合组成，一般树群长宽比不超过 3∶1，长度不超过 60 m。

任务实训

1. 根据现场实地测量调整给定方案平面图数据。
2. 根据给定项目制订调研表。
3. 收集著名居住小区景观意向图（植物、地面铺装、景观小品、水景等）。

任务 3　项目主题确定

知识点：概念符号的表达；意向图、思维导图绘制方法；植物配置等。
技能点：掌握概念符号运用、思维元素确定、意向图绘制及植物合理搭配方法。

任务导入

平潭竹屿湖景观设计方案具体分析

一、项目背景

平潭素有"千礁岛县"之称，是著名渔业基地，由以海坛岛为主的 126 个岛屿组成。陆地面积为 392.92 km²，海域面积为 6 064 km²。平潭距我国台湾新竹港约 68 海里[①]，西隔海坛海峡与福清市、长乐区相邻，南与莆田市南日岛及江阴港、厦门港隔海相望，北面隔海距福州长乐国际机场 60 km。

二、地理位置

项目基地位于平潭综合实验区的竹屿湖区块，处于平潭岛的中部，背依三十六脚湖山脉，西侧与竹屿湾相接，设计范围包括面积为 4.3 km² 的概念性规划用地，其中规划水域面积约 3.5 km²，位于西南角的会议中心区占地约 68 km²。目前区内在建项目有会议中心、临时指挥部两组建筑（建筑占地面积约为 3 km²）。

---
① 1 海里 =1.852 km。

基地现状条件分析如图 1-3-1 所示。

图 1-3-1　基地现状条件分析

地方文脉解读分析如图 1-3-2 所示。

- 与台湾的渊源
- 民风民俗
- 别名传奇
- 历史民居
- 地方餐饮
- 工艺美术
- 特色花卉

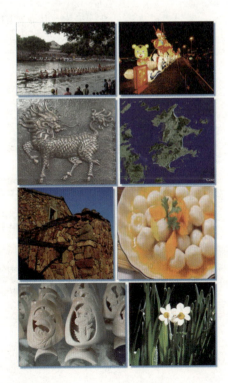

图 1-3-2　地方文脉解读分析

设计特征如图 1-3-3 所示。

图 1-3-3　设计特征

三、设计灵感来源与设计思路

设计灵感来源、设计风格、总平面图如图 1-3-4～图 1-3-6 所示。

竹屿湖的设计愿景和景观特征将通过以下的设计元素和风格得到体现：

圆形
圆，给人以圆满、和谐和欢愉的感受。我们从天空中的满月和大海里的贝壳造型提取出光滑、饱满的圆形，满月和贝壳在文化内涵中也饱含深远意义。

将圆形运用在竹屿湖公园设计中，不仅构造出别具特色的景观效果，同时也将"圆"的深层含义带入其间，寓意自然与文化的和谐、生态环境和城市发展的和谐、中国和世界的和谐，跨越时间和空间、人和人、文化和文化之间的界限。

弧线
圆滑流畅的弧线是从场地内遍地的木麻黄枝叶以及游鱼和飞鸟造型中提炼出的。弧线将运用在空间的塑造、边缘的勾勒、场地之间的连接中，特别是呈不同弧度造型的道路系统，将公园内不同的区块、不同的功能有机而紧密地联系了起来。

图 1-3-4　设计灵感来源

图 1-3-5　设计风格

图 1-3-6　总平面图

四、项目分析

功能分区、动线设计、步道系统、驳岸设计如图 1-3-7～图 1-3-10 所示。

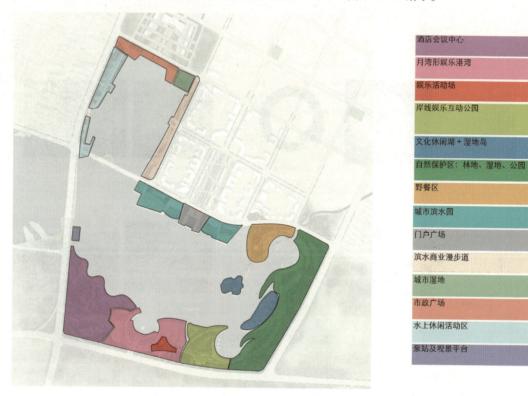

图 1-3-7　功能分区

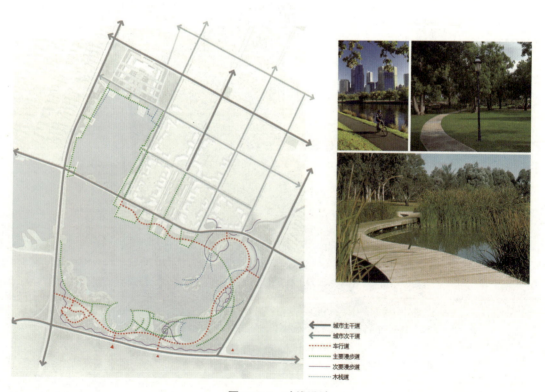

图 1-3-8　动线设计

图 1-3-9 步道系统

图 1-3-10 驳岸设计

五、意向图

植物设计、景观构筑物设计、灯光设计、景观小品设计、户外家具设计、铺装设计如图 1-3-11~ 图 1-3-18 所示。

图 1-3-11　植物设计（1）

图 1-3-12　植物设计（2）

项目一　居住区绿地景观规划设计　031

湿地水生植物选择

由于竹屿湖地块的地理位置特殊，形成特殊的咸淡水湿地，故植物选择上要具有一定的抗性，能在咸水中生长。

此外，除了水面以上可见的景观效果，还要兼顾植物对水体净化过滤的作用。沉水植物在这方面具有很好的效果，它治理污染和富氧化水体的效果较挺水和浮水植物都强，且能为水生动物提供食物，通过种植挺水植物、浮水植物、沉水植物，形成上中下立体的湿地群落。

图 1-3-13　植物设计（3）

图 1-3-14　景观构筑物设计

图 1-3-15 灯光设计

图 1-3-16 景观小品设计

图 1-3-17　户外家具设计

图 1-3-18　铺装设计

知识链接

一、概念符号的表达

许多功能性概念易于用示意图也就是概念符号表示，尤其是那些涉及功能空间、道路模式、景观节点的概念，我们可以利用概念符号对设计方案的初步思想与空间关系进行展示。大的景观功能使用面积和活动区域可以暂时用不规则的斑块或圆圈表示。在绘出它们之前，必须先估算出它们的尺寸，这一步很重要，因为在方案图中，数量、形状要通过相应的比例去体现。然后可用易于识别的一个或两个圆圈来表示不同的空间。简单的箭头可表示走廊和其他运动的轨迹，不同形状和大小的箭头能清楚地区分出主要和次要景观节点、走廊，以及不同的道路模式和视点方向、行走方向。星形或交叉的形状能代表重要的活动中心、人流的集结点、潜在的冲突点以及其他具有较重要意义的紧凑之地。"之"字形线或关节形状的线能表示线性垂直元素，如墙、屏、栅栏、防护堤等（图1-3-19）。

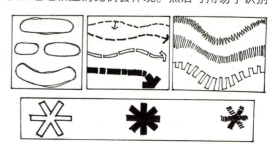

图 1-3-19　概念符号表示

概念空间的划分：在这一设计阶段，使用抽象而又易于绘制的符号是很重要的。它们能很快地被重新配置和组织，帮助设计师集中精力做这一阶段的主要工作，即优化不同使用面积之间的功能关系，解决选址定位问题，发展有效的环路系统，推敲出设计元素为什么要放在那里，并且如何使它们更好地联系在一起，同时，可以节省设计方案的最初设计时间。概念符号能应用于任何比例的图中。图1-3-20所示的是小庭院空间概念设计。

二、设计的基本元素

（1）设计的基本元素有点、线、面、颜色和质地等，还有人们不可见的声音、气味和触觉等。

①点。一个简单的圆点可以用来代表空间中没有量度的一处功能空间或景观。

②线。当点被移动或运动时，就形成了一维的线，可以用来代表连续的景观线或者道路。

③面。用来代表面积较大的功能空间，只有按照空间比例进行面积大小的绘制，才可以更好地确定功能空间的位置和类型。面积的大小也决定了景观的主次。

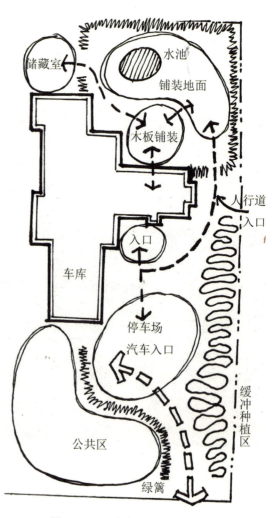

图 1-3-20　小庭院空间概念设计

④颜色。概念符号的颜色可以将功能空间进行分类、归纳，例如，聚会、活动、嬉戏等，都可以用不同的颜色来表示，除了归纳，也可以预示空间材质与植物配置过后的色彩效果。

⑤质地。在物体表面反复出现的点或线的排列方式使物体看起来粗糙或光滑，或者让人产生某种可以触摸到的感觉，可以提前将材料的质地进行表现。

（2）设计形式进一步的发展取决于两种不同的思维模式：一种是以逻辑为基础并以几何图形为模板，所得到的图形遵循各种几何形体内在的数学规律。运用这种方法可以设计出高度统一的空间。另外一种是以自然的形体为模板，通过直觉的、非理性的方法，把某种意境、文化、个性、特色融入设计中。这种设计图形看似无规律、琐碎、离奇、随机，却迎合了大多数使用者的心理喜好。

两种模式虽潜在的结构不同，但却没有必要把它们绝对区分开，如一系列规则的圆形随机排列在一起能令人产生愉悦感，但人看到一些不规则的一串串泡泡也会产生类似的感觉。

（3）几何形体。几何形体开始于正方形、圆形、三角形三个基本的图形（图1-3-21）。

我们把简单的几何形或由几何形换算出的图形有规律地重复排列，就会得到整体上高度统一的形式。通过调整大小和位置，就能从最基本的图形演变成有趣的形式。

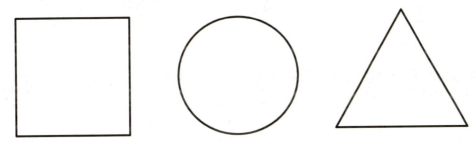

图 1-3-21　正方形、圆形、三角形

①矩形模式。矩形是最简单的几何形，但在设计中最有用，可以很好地对景观进行规划。矩形易于衍生出各种相关的图形。在规划中可以用纸打上面积相等的矩形网格，在上面进行概念性方案的设计，这样就能很容易地组织出景观概念设计图。再通过对相关图形的整理、修改，概念性方案中的粗略形状将会被重新改写形成新的概念图（图1-3-22、图1-3-23）。

矩形模式最易形成对称形式，可以与中轴对称搭配，它经常被用在要表现正统、严肃的景观设计中。矩形模式看似简单，但通过相加、相减等设计方法，可以设计出生动、有趣的空间。特别是把垂直因素引入其中，通过抬高、下沉以及将景观设施进行特殊处理等手法，把二维空间变为三维空间后，形成了水平空间的变化，丰富了空间特性（图1-3-24、图1-3-25）。

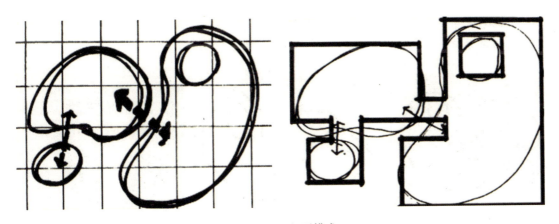

图 1-3-22　矩形模式

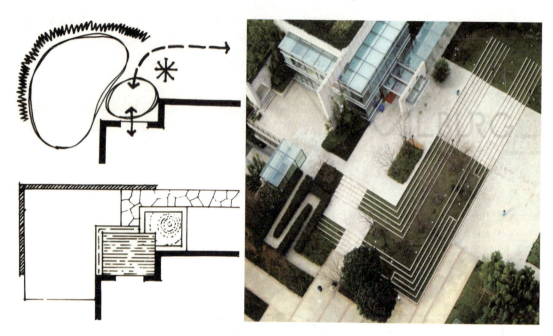

图 1-3-23 矩形模式与实景

图 1-3-24 矩形模式实景应用（1）

图 1-3-25 矩形模式实景应用（2）

②三角形模式（90°/135°角）。与矩形模式一样，三角形模式也能用网格线完成概念性到形式的跨越。把两个矩形网格线以 45°相交，就能得到基本的三角形模式。

当 45°或 90°改变方向时，向内的转角应该是 90°或 135°。如果是 45°的锐角，通常会产生一些功能上不可利用的空间，这样就会造成空间的浪费。

三角形模式带有运动的趋势，能给空间带来某种动感，随着水平方向的变化和三角形垂直元素的加入，这种动感会更加强烈（图 1-3-26、图 1-3-27）。

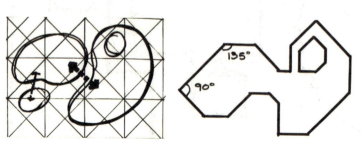

图 1-3-26 三角形模式平面概念

图 1-3-27 三角形模式实景应用

③多边形几何模式。根据概念性方案图的需要，可以按相同尺度或不同尺度对多边形进行复制。当然，如果需要的话，也可以把多边形放在一起，使它们相接、相交或彼此镶嵌。为避免形式单调，尽量避免单一尺寸重复排列（图1-3-28）。

图1-3-28　多边形几何模式

④圆形模式。圆的魅力在于它的流线性、圆满性、简洁性和整体感。它可以同时具有运动和静止的双重特性。单个圆形设计出的空间将突出简洁性和力量感，多个圆在一起可以形成韵律感。

可以将一个基本的圆复制、扩大、缩小，再通过叠加、相交、相减、相融等方法进行规划。圆的尺寸和数量由景观主次、面积的大小等决定，必要时还可以把它们嵌套在一起代表不同的物体。当几个圆相交时，可以把它们相交的弧调整到接近90°，可以从视觉上突出它们之间的交叠（图1-3-29）。

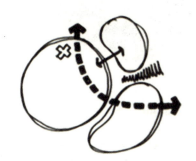  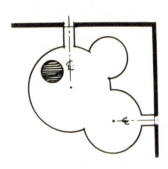

图1-3-29　多圆组合模式

绘制蜘蛛网状参考线，在参考线上方遵循网状的特征，以圆及其变形体为基本形绘制概念性方案的基础图，所绘制的线条可以不同下面的网格线完全吻合，但它们必须是这一圆心发出的射线或弧线，这样可以保证方案的统一性、规整性、丰富性。再通过修改将方案进行完善，得到最终的方案初型，为方案的下一步设计打下基础（图1-3-30）。

圆形及其变形与矩形等可通过相交、相切方式进行组合。当线、矩形等同圆相接且与其半径成90°夹角时，就形成切线，图1-3-31所示是以圆弧和切线为主绘制出的图形。

圆在这里被分割成半圆、1/4圆等，形成扇形的特殊形状，并且可以沿着水平轴和垂直轴移动而构成新的图形（图1-3-32）。

在多圆形组合中所阐述的原则，在椭圆中同样适用。椭圆能单独应用，也可以多个组合在一起，或同圆组合在一起。椭圆同圆相比，尽管增加了动感，但仍符合严谨的数学排列规律（图1-3-33）。

（4）自然的形式。

①曲线。就像矩形是景观概念中最常见的几何形式一样，曲线也是景观设计中应用最广泛的自然形式。来回曲折的平滑河床、蜿蜒曲折的景观小路等的边线是由曲线的基本形衍生而来的（图1-3-34）。

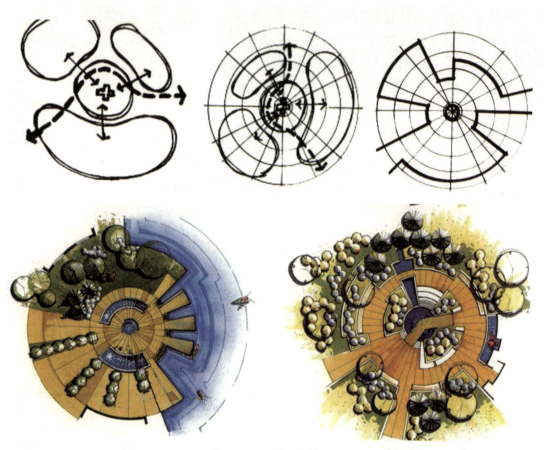

图 1-3-30　同心圆模式

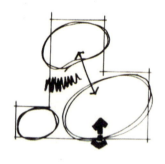 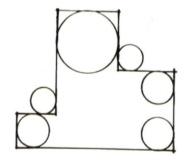 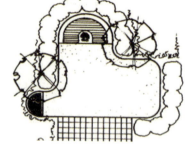

图 1-3-31　圆弧和切线模式

项目一　居住区绿地景观规划设计　039

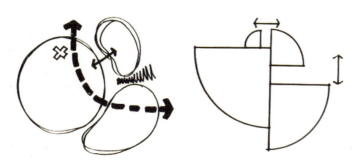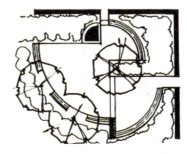

图 1-3-32　弓形模式

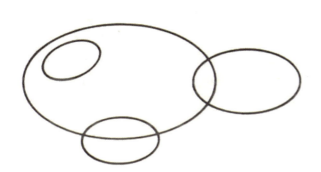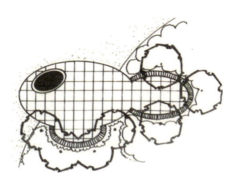

图 1-3-33　椭圆模式

图 1-3-34　曲线模式

②自由椭圆。自由漂浮形式的椭圆很适合步行道、景观道、滨海道的设计；根据功能空间大小来对椭圆的尺寸进行调整，进而设计出具有循环性的概念性设计模式（图1-3-35、图1-3-36）。

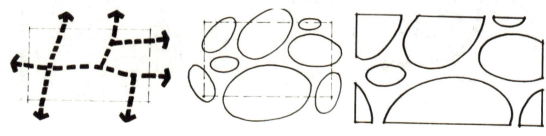

图1-3-35　自由椭圆模式

图1-3-36　自由椭圆模式实景

三、思维导图的绘制

联想思维法是在不同事物之间产生联系的一种没有固定思维方向的自由思维活动，是指从一物中心出发，由外形、性质、意义上的相似，以联想的方式将具有千丝万缕联系性的思维进行整合。比如，当你遇到大学老师时，就可能联想到他过去讲课的情景，再由此联想到大学时最好的朋友等。再比如由照片联想到本人，再想到照片背后的年代、故事、地点等。这些联想点都可以通过思维导图形式用文字、图像进行展现,可以更好地整理大脑中的思维点(图 1-3-37、图 1-3-38)。

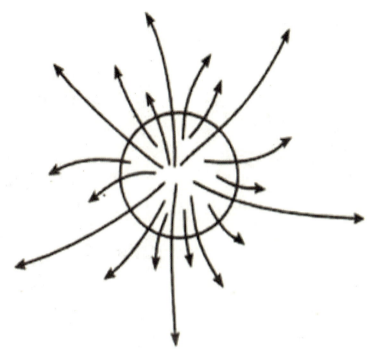

图 1-3-37 思维向各个方向发散

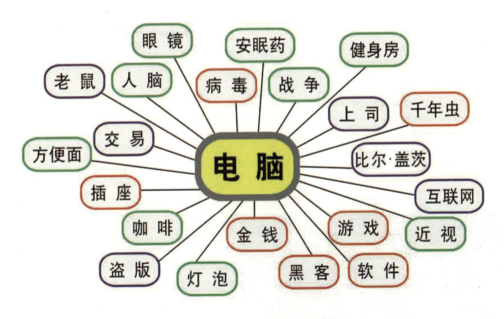

图 1-3-38 一分钟训练发散思维

绘制思维导图的步骤(图 1-3-39、图 1-3-40):
(1)从一张白纸的中心开始绘制,周围留出空白;
(2)用一幅图像或图画表达中心思想;
(3)在绘制过程中使用颜色(颜色和图像一样,能够给思维导图增添跳跃感和生命力);

（4）将中心图像和主要分支连接起来，然后把主要分支和二级分支连接起来，再把三级分支和二级分支连接起来，以此类推；

（5）让思维导图的分支自然弯曲而不要像一条直线（曲线可以吸引眼球）；

（6）在每条线上使用一个关键词；

（7）自始至终使用图形，将思维形象化，更好地将思维图像化。

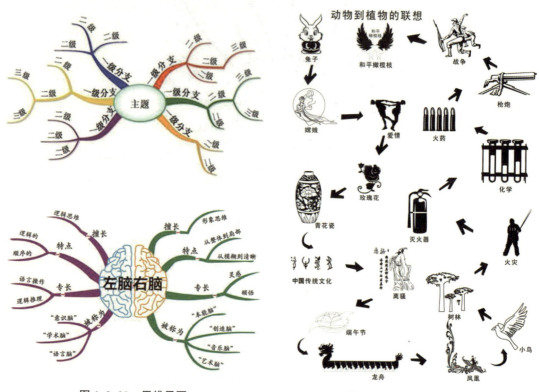

图 1-3-39 思维导图　　　　　　　　图 1-3-40 思维推导过程

四、设计主题的选材

设计主题是一个景观的灵魂所在，所有的景观规划都要紧紧围绕设计主题来进行，全部的资源分配和形式调整都要依托设计主题进行，进而实现设计目标（图 1-3-41）。

三里河生态景观将"红折纸"作为主题，其创作的灵感源于当地的剪纸艺术。选用玻璃钢作为材料，玻璃钢本身有纸的属性，可塑性强，现场施工方便，且便于使用期间的维护管理。总体构思是将所有户外家具和公园设施都整合在这一折纸中，包括自行车棚、阴棚和雨亭、坐凳都折在一起，成为一件连续的装置艺术品。同时，与一条贯穿的木栈道相结合，形成一条走廊。

图 1-3-41 三里河生态景观及其设计主题

一个景观若没有主题，就像一篇作文没有了中心思想，杂乱无章，没有头绪。千篇一律的设计让整个景观淹没在大众之中。想让景观具有自己的独特性与可辨识性，就需要赋予景观设计一个主题，让主题更好地展现设计理念。例如，沈阳建筑大学稻田景观将水稻和当地野草作为设计主题，用最经济、最生态的方法来营造整个校园环境，将四季景观完美诠释（图1-3-42）。

图1-3-42　沈阳建筑大学稻田景观

都江堰的水文化广场，以其特有的水文化为主题，以放射性水网为主，形成"天府之国"扇形文化景观的基础格局，整体设计布局规律、有章可循、有序有列、气势磅礴（图1-3-43）。

图1-3-43　都江堰的水文化广场

如图1-3-44所示，借鉴中国传统园林中"师法自然"的设计手法，该生态小公园在100 m²的空间里阐释了一种"天圆地方"的传统文化。本项目中，植被的应用营造了一个兼具感觉与物质层面的宁静空间。夏季开花的中国莲将雨水很好地蓄留在洼池中。竹林被视为场地边界，并且在场地中重复利用，红色竹竿沿着曲线路径（象征"圆"）反射在池面上。垂直的竹竿，跨越水面将对角线式的路线连接，给人一种中国古典园林所倡导的"曲径通幽"式的体验（图1-3-44）。

现代景观"千园一面"，使人产生审美疲劳，原因是缺少对景观内涵的真正理解，所以拓展和外延景观的"意境"，丰富其内涵，是景观设计的切入点（图1-3-45、图1-3-46）。

园林景观设计主要以自然界的某种自然现象或者某种事物、物体为想象基础，经过大脑的思考与加工，最终形成景观设计主题（图1-3-47）。

此外，抽象的景观主题表达手法的确定，需要对场地周围环境信息、城市历史、民族风情、传统习俗、艺术成就与文化知识等进行深刻的认识和分析，在对具象的形体、特性进行准确的提炼之后，利用原有景观形态，根据现有主题引申变幻，将其中的基本要素，如点、线、面、块等，按照形式美法则进行设计，通过平移、旋转、放射、扩大、混合、切割、错位、扭曲等空间变形手法有机组合起来，形成与主题相关的抽象景观形态。

图1-3-44　生态小公园

图1-3-45　庭院景观　　　　　　　　　图1-3-46　植物造景

图1-3-47　大连雅森园林景观设计公司设计施工的集装箱主题生态休闲园

万象城景观设计主题方案分析

项目一 居住区绿地景观规划设计 045

有些景观是为某件事情、某个人、某个节日等设定的，其主题也更具有典型性。景观设计可以更好地利用主题进行特别意义的表达（图1-3-48～图1-3-53）。

项目主题与名称见表1-3-1。

表1-3-1 项目主题与名称

项目主题与名称	
"边界共生"——沈阳浑河湿地公园	与鱼共乐，忘情山水——无锡五里湖
"地球天书"——大鹏半岛地质公园	互动式的流水景色——默塞德公园
"石尚"——纽约泪珠公园	蓝河之心——石河湿地公园
"众星捧月"——伦敦瑞士村舍公园	移步皆风景——上海佘山月湖雕塑公园
"糖果味道的网"——伯金斯公园	绿色重生——西瓦斯工厂文化园区
新型聚会空间——弗吉尼亚街区公园	波浪游戏——奥地利图尔恩地区花园展
工业时代的景观花园——埃伯斯瓦尔德花园	江南水墨风的中式园林——东营供水公园
梦幻中国风——光明新城中央滨河公园	穿越时空的绿廊——张家口城西河湿地公园
竹路——奥地利维也纳国家植物园	可持续能源新解法——意大利南部太阳能公园

图1-3-48 虚幻空想主义

图1-3-49 音乐广场

图1-3-50 气球广场

图1-3-51 小动物主题庭院

图 1-3-52 湿地走廊

图 1-3-53 沙漠地带

五、景观植物的认知

景观植物要依据当地的土壤、气候、常用树种等方面进行选择，要体现当地自然景观风貌，使植物成为景观中无可替代的景观节点。这就需要我们掌握一些最基本的植物的特性和共性，设计出既美观合理又能体现地域文化和自然文化的景观（图 1-3-54～图 1-3-66）。

常见景观植物认知手册

图 1-3-54 圆冠阔叶大乔木——
法桐、元宝枫、国槐、白蜡等

图 1-3-55 高冠阔叶大乔木——
毛白杨、新疆杨等

图 1-3-56 高塔形常绿乔木——
桧柏、铅笔柏、大云杉等

图 1-3-57 低矮塔形常绿乔木——
小云杉、翠柏球等

图 1-3-58　圆冠常绿乔木——油松、白皮松等

图 1-3-59　球形常绿灌木——大叶黄杨球、金叶女贞球、紫叶小檗球、凤尾兰等

图 1-3-60　色带——大叶黄杨、金叶女贞、紫叶小檗等

图 1-3-61　小乔木——紫叶李、碧桃、西府海棠等

图 1-3-62　竖形灌木——玉兰、木槿等

图 1-3-63　团形灌木——榆叶梅、紫薇、金银木等

图 1-3-64　可密植成片的灌木——棣棠、迎春、锦带等

图 1-3-65　普通花卉地被——菊类、福禄考、景天、鼠尾草等

图 1-3-66　长叶形地被——鸢尾、萱草、玉带草、狼尾草、芒类等

任务实训

1. 进行某社区中心设计。

（1）为了尽可能地减少现有小溪和植被的干扰，先把三个主要建筑物定位（图 1-3-67）；

（2）设计能停放 100 辆小车的停车场；

（3）使停车场出入口尽可能不相互影响；

（4）使人行道便于通向邻近的街区；

（5）设计多用途的广场，以满足临时表演、户外娱乐、展览等需要；

（6）标出放置设施的位置；

（7）设计一些开敞的草坪空间，以供休闲。

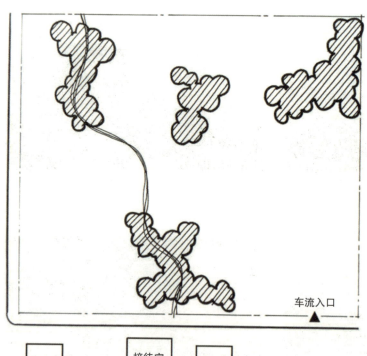

车流入口

图 1-3-67　原始平面图

参考案例

2. 归纳几何形体在设计中的应用。利用不同图形模式对一个社区广场进行设计。

以不同的几何形体为模板进行设计可产生不同的空间效果，但每一个方案中都有相同的元素：临水的平台、设座位的主广场、小桥和必要的出入口（图1-3-68）。

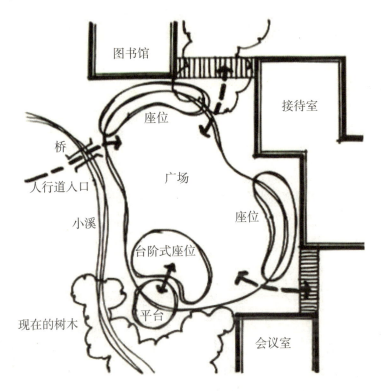

图1-3-68　概念性方案

案例参考

3. 根据给定的经典景观实景图进行设计元素提炼。

景观规划实景构成训练素材

4. 根据任务实训1给定的平面图进行思维推导，最终确定设计主题。

任务 4 项目表现与回报

知识点：方案设计分析图、施工图、效果图的表现形式及方案汇报的语言表达。
技能点：掌握分析图、施工图、效果图的绘制方法及方案汇报的核心能力等。

任务导入

一、分析图表现

1. 资料综合分析

场地调查完成后，对收集到的资料进行分析和整理，形成表格和图解，方便下一阶段总结汇报时使用。该阶段可绘制部分现状分析图纸，如现状用地分析、周围交通分析等。可用快速表现结合文字的形式来完成，能简洁明了地说明问题即可（图1-4-1、图1-4-2）。

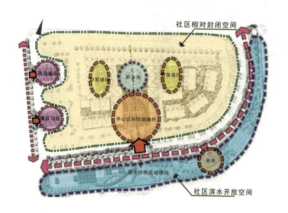
图 1-4-1　功能分析

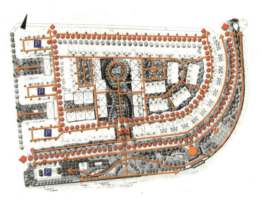
图 1-4-2　交通分析

2. 场地分析

场地分析是方案设计之初非常重要的基础性工作。在现场踏勘和资料分析完成之后，设计人员还要对场地有一个宏观的分析，除了对地形、交通等显性条件的分析以外，还要充分了解场地的历史文脉等隐性条件。这一阶段可以采用手绘草图的形式，标注出场地中的重要节点，分析可能采用的交通组织和功能布局等。

（1）交通组织。居住区交通组织与小区规划密切相关，是小区规划当中非常重要的一个环节。居住区道路应满足居民日常生活、消防救护、垃圾清运等车辆的通行需求，还要满足工程管线铺设和景观设计需求（图1-4-3～图1-4-5）。

（2）功能布局。居住区室外空间的功能布局应该充分考虑居民的需求，一般包括入口空间、集中活动广场、儿童活动场所、健身场所、水景、宅前和集中绿地等。根据居住区不同的风格，功能布局也略有不同（图1-4-6、图1-4-7）。

3. 景观结构分析

居住区景观结构分析是设计方案构思的重要过程，通过对资料综合分析、场地分析这两个过

图 1-4-3　人车分行交通分析

图 1-4-4　近景交通设计分析

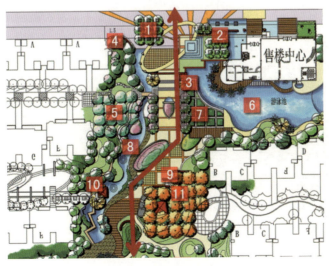

图 1-4-5　远景交通设计分析

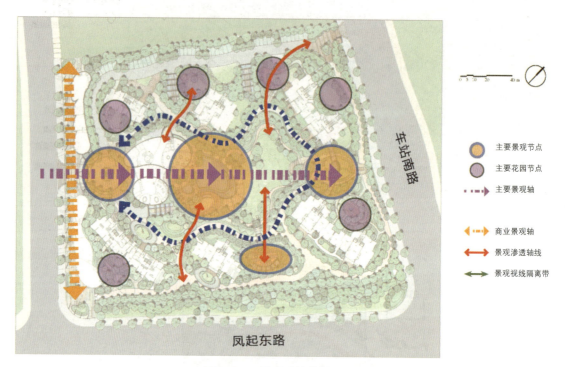

图 1-4-6　景观功能分析（1）

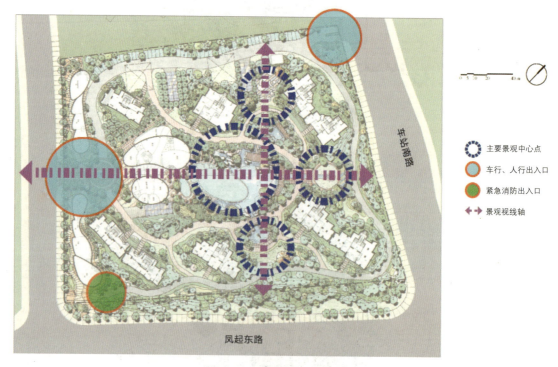

图 1-4-7　景观功能分析（2）

程，景观结构逐渐形成。当然，通过前面的过程推演出来的景观结构可能不止一种（图 1-4-8）。

图 1-4-8　景观结构平面图

4. 种植规划分析

居住区景观设计过程中，越来越注重种植规划，一般新建小区的硬景和软景的比例要求达到 3:7，且软景的比例还在逐渐增加。种植设计的精细化是居住区景观规划的一个发展趋势（图 1-4-9、图 1-4-10）。

图 1-4-9　中心种植规划　　　　　　　图 1-4-10　带状种植规划

二、施工图表现

施工图阶段的图纸内容包括景观总平面图、详图索引图、定位尺寸图、竖向平面图，各种园林建筑小品的定位图、平立面剖面图、结构图、广场的放线图、铺装大样图等（图 1-4-11）。

三、效果图表现

效果图是设计师表达创意构思，并通过 Photoshop、Sketch Up、3ds Max 等效果图制作软件，将创意构思进行形象化再现的形式。它通过对物体的造型、结构、色彩、质感等诸多因素的忠实表现，真实地再现设计师的创意，从而建立设计师与观者之间视觉语言的联系，使人们更清楚地了解设计的各项性能、构造、材料（图 1-4-12～图 1-4-16）。

054 项目一 居住区绿地景观规划设计

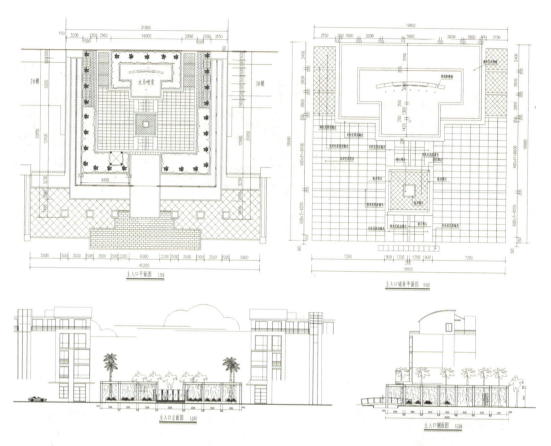

图 1-4-11 景观施工图

图 1-4-12 景观效果图（1）

图 1-4-13　景观效果图（2）

图 1-4-14　景观效果图（3）

图 1-4-15　景观效果图（4）

图 1-4-16　景观效果图（5）

1. 优秀学生作品赏析（图1-4-17～图1-4-19）

图1-4-17　居住区广场设计效果图　刘忠旭

图1-4-18　居住区广场设计效果图　刘博

图1-4-19　居住区广场设计效果图　王铮

学生作品展示

2. 学生课堂分组作业（图1-4-20～图1-4-23）

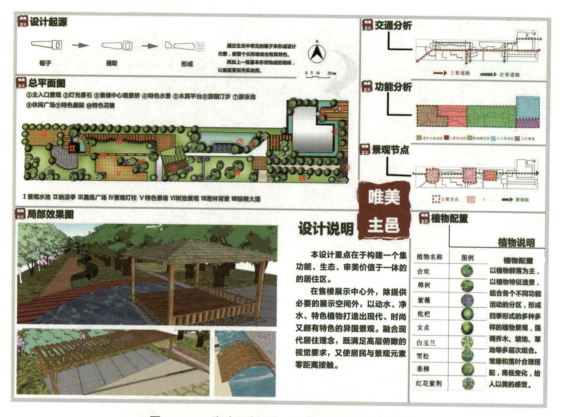

图1-4-20　张琦、张同舟、王娜、张同济设计方案

图1-4-21　李高飞、曲友杰、郝建伟、李林霞设计方案

图 1-4-22　张琦、张同舟、王娜、张同济设计方案

图 1-4-23　李高飞、曲有杰、郝建伟、李林霞设计方案

四、课程汇报（PPT）

在团队合作完成课程设计的准备工作，分小组完成系统的方案设计及效果表达后，进行方案汇报，以PPT的形式展示，进行方案整体的陈述，同时邀请专家进行整体讲评（图1-4-24、图1-4-25）。

图1-4-24　课程汇报PPT首页

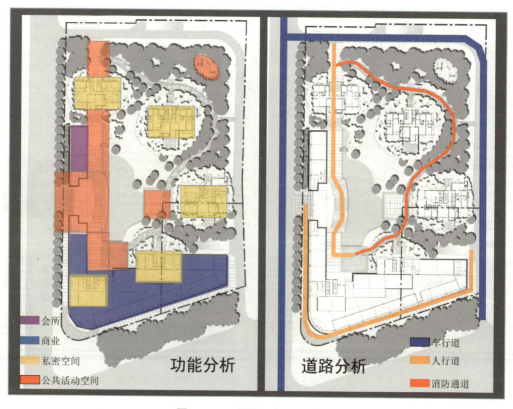

图1-4-25　课程汇报PPT内页

知识链接

一、树木的平面表示方法

树木的平面表示可以以树干位置为圆心、以树冠平均半径为半径作圆，再加以表现，其表现手法非常多，表现风格多样。

根据不同的表现手法，可将树木的平面表示方法划分为四种类型：

轮廓型：树木平面中只用线条勾勒出轮廓，线条可粗可细，轮廓可光滑，也可带缺口。
分枝型：树木平面中用线条组合表示树木或者枝干的分叉。通常表示落叶阔叶树。
枝叶型：树木平面中既表示分枝，又表示冠叶。树冠可用轮廓表示，也可用质感表示。
质感型：树木平面中只用线条的组合或者排列表示树冠的质感。

二、树木的立面表示方法

树木的立面表示方法也可分成轮廓、分枝和质感等几大类型，但有时并不十分严格。树木的立面表现形式有写实的，也有图案化或稍加变形的，其风格应与树木平面整体风格一致。

任务实训

蓝盛居住小区景观设计任务书	
项目概况	本项目是居住小区景观设计，要在对基地整体环境了解的基础上，灵活运用居住小区景观设计的要素等，创造出舒适宜人、独具特色的景观环境
项目原始平面	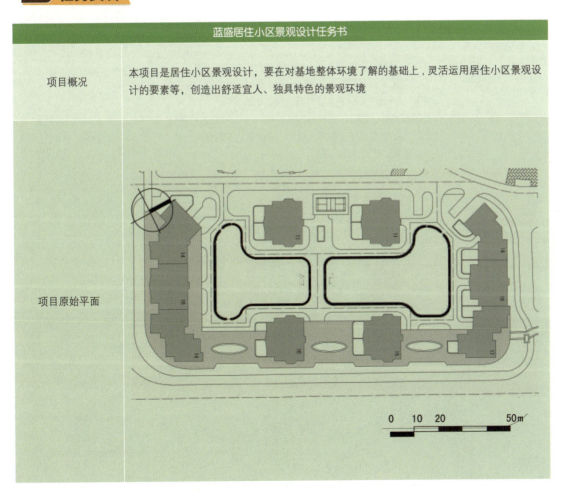

续表

	蓝盛居住小区景观设计任务书
设计目的	1. 了解居住区景观设计风格：学会分析客户群的心理需求，准确定位居住区景观设计风格，满足人的心理和生理的需求 2. 熟悉居住区景观设计要素：合理的植物搭配，层次分明，季相变化明显，道路顺畅，地面铺装变化精致，布设亭子、小品等，营造丰富的空间层次 3. 掌握居住区景观设计步骤：学会分析，能从功能、形式、技术、环境等多方面考虑设计方案，并能表达正确的设计内容
设计要求	1. 考虑绿地的性质，合理布局景观空间，要有独特的设计理念 2. 根据地域的不同，准确合理地选择树种，进行植物配置，使景观空间搭配层次丰富多样 3. 在功能上满足人们休闲、娱乐、观赏的要求，在设计上多运用景观小品来点缀空间，使景观空间内容丰富多彩 4. 设计表达要语言流畅、言简意赅，准确表达设计意图及对图纸的补充说明 5. 尺寸标注符合制图规范，构图合理，图纸齐全 6. 植物列表统计准确，并按规范排序
绘图要求	1. 图纸要严格按照国家工程制图规范进行绘制；正确标注尺寸、材料等 2. 效果图及鸟瞰图可用 Sketch Up 软件设计 3. 用 Photoshop 进行后期处理，提供全套方案 4. 展板设计：打印尺寸 600 mm × 900 mm，排版自行设计 5. PPT 汇报稿要求有封面、目录、设计说明、鸟瞰图、总平面图、各种分析图、意向图、效果图等，按顺序逐一展示
提交成果	1. 方案鸟瞰图 2. 总体平面图 3. 构思概念图 4. 功能分析图 5. 植物分析图 6. 流线分析图 7. 景观意向图（不限张数） 8. 植物列表（10 种左右） 9. 3~4 个局部主景效果图 10. 300 字左右的设计说明 11. 展板打印（600 mm × 900 mm） 12. PPT 汇报方案

PROJECT TWO

项目二 庭院景观规划设计

导 读

本项目介绍了庭院景观设计的要求、步骤与方法，以及庭院景观设计的含义，并分析了庭院景观设计思路、设计要素，提炼出完整的庭院景观设计方法与案例。

任务1 小游园庭院景观设计

知识点：小游园的含义；小游园设计原则。

技能点：掌握小游园景观设计的方法与步骤，认识小游园设计要素的重要性。

案例导入

中国园林之扬州个园

扬州个园是一座独具江南风格的名园。它是清嘉庆、道光年间兴建起来的。当时园中遍植翠竹，又因竹叶形状很像一个"个"字，故名个园。园中有春夏秋冬四季假山，以堆叠精巧而著名（图2-1-1、图2-1-2）。

图 2-1-1 扬州个园

图 2-1-2 个园竹林

步入个园大门，便见湖石傍门，修竹繁茂，石笋参差，好像"雨后春笋"破土而出，这是个园春景。再往前，一座人造假山出现了，它便是形态奇特的"春山"，和竹林相映成趣。绕过"宜雨轩"，眼前豁然开朗，在浓荫环抱的荷花池畔，一座六七米高的太湖石假山出现在眼前，这就是"夏山"。过石桥，进石洞，只觉得藕茶香飘，苍翠生凉。转过"鹤亭"，是座"一"字形长廊。长廊尽头便是"秋山"。秋山全用黄山石建成，造型不同于一般，给人一种大胆泼辣的感觉。在晴天黄昏时分看此山，秋山迎着夕照，山势巍峨，有红枫、石桥，"秋高气爽"的诗情画意顿时呈现于眼前。步下秋山，过"透风漏月厅"，迎面是一组由白色石英石堆叠而成的"冬山"。冬山就像用残雪堆成的山脉，山顶"终年积雪"，一只只"雪狮"好似顽皮的孩子（图2-1-3、图2-1-4）。

图2-1-3 "壶天自春"水池

图2-1-4 夏山

评析：个园虽不大，但处处体现出造园者的匠心独具，建造者运用不同石料堆叠而成"春、夏、秋、冬"四景。四季假山各具特色，表达出"春山淡冶而如笑，夏山苍翠而如滴，秋山明净而如妆，冬山惨淡而如睡"的意境，从而表现了"春山宜游，夏山宜看，秋山宜登，冬山宜居"的诗情画意。个园旨趣新颖，结构严密，是中国园林的孤例，也是扬州最负盛名的园景之一。

资料来源：中国园林网 http://jingguan.yuanlin.com

中国园林名园之扬州个园

知识链接

一、小游园的含义

小游园是供人作短暂游憩的场地，是城市特有的公共绿地形式，又称小绿地、小广场、小花园。小游园在我国城市中普遍设置，也起着美化城市环境的作用。小游园的面积不一，大的在101 000 m²左右，小的则有数百平方米，甚至数十平方米，要求绿化率达到80%以上。面积较小的游园可以利用小块零星空地建造，形成较好的装饰作用，也可以扩展户外活动空间。小游园可以布置得精细雅致，除种植花木外，还可有园路、铺地、小品以及休闲运动设施等。

二、小游园设计原则

1. 特点鲜明、布局简洁

小游园的平面布局不宜复杂，应当以简洁的几何形或者曲线形为主划分空间。从美学角度来说，几何图形具有严格的制约关系，也最能给人视觉冲击力，对于整体效果、远距离及运动过程中的观赏效果的形成也十分有利，具有较强的时代感；曲线具有流畅感，柔美的感受更能让人们体会其中的美，也能更好地诠释传统风格中的优美（图 2-1-5）。

图 2-1-5　几何图形

2. 因地制宜、力求创新

如果小游园规划地段面积较小，地形变化不大，周围是规则式建筑，则游园内部道路系统以规则式为佳；若地段面积稍大，又有地形起伏，则可以自然式布置。城市中的小游园贵在自然，最好能使人从嘈杂的城市环境中脱离出来。同时，园景也宜充满生活气息，有利于逗留、游玩、休息。另外，要发挥艺术手段，将人带入设定的情境中去，做到自然性、生活性、艺术性相结合。

3. 小中见大、空间丰富

（1）布局紧凑。尽量提高土地的利用率，将园林中的死角转化为活角等。

（2）空间层次丰富。利用地形高低、道路铺装或形式、植物小品、绿化等分隔空间，此外，也可利用各种形式的隔断、花墙形成借景、透景等景中景。

（3）建筑小品以小巧取胜。道路、铺地、坐凳、栏杆的数量与体量要控制在满足游人活动的基本尺度要求之内，使游人产生亲切感，也方便人们的使用，而不要"中看不中用"。

4. 植物种植科学搭配

在植物的选择上以本土植物为主，也可少量选择一些适应性强和观赏价值高的外来植物品种，植物配置上可以以乔木为主，灌木、花木等为辅，讲求科学搭配，营造植物的层次感、色彩感，创造出一年四季的魅力景观（图 2-1-6、图 2-1-7）。

5. 以人为本、动静结合

人们进入小游园是为了游玩、休闲等，所以，小游园所创造的环境氛围要充满生活气息、艺术气息，真正做到"景为人用"，以满足不同年龄、心理和文化层次的人们的需求。同时，设计也要考虑到动静分区，注意公共性和私密性的设计。在空间处理上要做到动观、静观、群游与独处兼顾，使游人找到自己所需要的空间类型。

图 2-1-6　灌木植物

图 2-1-7　草花植物

三、小游园规划设计要求

1. 因地制宜

合理利用原有的自然条件，最大限度地利用原有的地形地貌，这样就可以更好地形成可持续生态景观，朴实自然。起伏的地形比平整的地形更令人感到轻松与温馨，更富有诗情画意。在植物的选择上，也要因地制宜，不可逾越自然（图 2-1-8、图 2-1-9）。

图 2-1-8　带有曲线的小游园景观

图 2-1-9　秦皇岛汤河公园小游园景观

2. 以人为本

小游园是为人而设，为人而立的，人们的生活需要有小游园为人们提供游玩、休闲的场所。无论是特定的游园区域还是城市的各个角落，都设有小游园。这些小游园面积不同、风格不同、功用不同，但是无论何种，都要坚持做到"以人为本"，以满足不同年龄阶段、不同文化层次人们的需求，让人们可以更好地呼吸到新鲜空气。

3. 注重创新

小游园的规划设计与其他规划设计一样，要不断创新，在不同的环境、空间、位置中做出不同的设计。小游园的规划设计不同于一般意义上的公园，应以自然为主线，开拓人与自然充分亲近的生活领域，使身居闹市的人们能获得重返自然的美好享受，将时代气息、传统文化和游园设计巧妙地融为一体。另外，创新也表现在游园中的公共设施上，如何在形式、功能、意境、文化等方面进行创新性设计，更好地与主题、风格相融合，都是创新体现的升华层面（图 2-1-10、图 2-1-11）。

图 2-1-10　过山车创新性休息设施设计（整体）

图 2-1-11　过山车创新性休息设施设计（细节）

四、小游园设计要素

1. 园路

园路是一种系统性设计，必须主次分明，交流、游览路线清晰，引导性强，要让人清楚地知道各功能空间的所在（图 2-1-12～图 2-1-17）。

（1）界定空间。作为二维景观要素，园路对功能区域的划分具有非常直接的作用。园路将场地划分为不同的功能空间，主路划分主景观节点，次路划分次景观节点，支路则是为了方便人们的活动划

图 2-1-12　武汉国际园博园园路设计（整体）

图 2-1-13　武汉国际园博园园路设计（细节）

图 2-1-14　街心游园园路设计（整体）

图 2-1-15　街心游园园路设计（细节）

图 2-1-16 小游园曲线形园路设计　　　　图 2-1-17 小游园健身园路设计

分更小的空间区域。在划分空间的同时，园路自然地把各个主、次景点和各大功能空间联系在了一起。

（2）组织游线。园路能够组织游人的动态观赏路线，可以让游人观赏整体景观画面。各景区景点的景观、植物、设施等设计与园路有着十分密切的关系，不断变化的景观能够吸引游人沿着园路前行。因此，应当更加巧妙地处理景观的藏、露、引，了解游人的游览心理和行为习惯，提供的主路、次路、支路要结构合理，系统完善，具备多样性。

（3）联系交通。除了游览，园路还具有联系性、交通性的功能，设计应当有合理的宽度、明确的方向感、多样化的铺装，以保证园路的审美性、功能性、生态性，做到"与人方便"。

（4）塑造景观。园路是游园中的主要元素，其设计也可以塑造成景观。无论是直线园路，还是自然曲线园路，都是景观的有机组成部分，与水体、植物、小品、设施等元素构成了丰富的游园景观。园路的线形、尺度、质感、色彩、铺装样式，以及与其他景观之间的搭配，都可以让游园景观更加出彩。

（5）健身休闲。园路不仅可以作为景观，也可以作为健身区域存在，供游人慢跑、散步、骑车用。让游人在运动健身的同时，也可以欣赏优美的景观，呼吸新鲜空气、释放内心压力、放松紧张心情。要注意的是，健身的园路铺装需要耐磨、防滑，保证人的安全。

微解说：园路铺装的几种形式

① 花街铺地　② 嵌草路面　③ 卵石路面

① 花街铺地。以规整的砖为骨，和不规则的石板、卵石、碎瓷片、碎瓦片等废料相结合，组成色彩丰富、图案精美的各种地纹。

② 嵌草路面。把天然或各种形式的预制混凝土块铺成冰裂纹或其他花纹，铺筑时，在块料之间留3～5cm的缝隙，填入培养土，然后种草。

③ 卵石路面。采用卵石铺成的路面耐磨性好、防滑，具有活泼、轻快、开朗等风格特点。

2. 水体

水体是场地的地表形态之一，是自然的、柔和的景观元素，也是景观设计中最有灵性、流动性的设计要素。水体在景观设计中，既包括湖泊、池塘、河流、溪水、瀑布等极具自然状态的水体，又包括喷泉、亲水设施等各种形态的人造水景。人在本能上具有亲水性，有了水的游园，更具吸引力、亲切感和趣味性。

（1）造景。水具有独特的造景潜力，其形态多样，可以表现多种多样的心理感受。自然静态的水景静谧安详；自然动态的瀑布、溪流，既能产生视觉的动态之美，又可以满足人们的听觉享受，如人造水池、喷泉等小水景，可以更好地体现景观的主题立意，让景观更加活泼、生动（图2-1-18~图2-1-21）。

图2-1-18 静态水景静谧安详

图2-1-19 动态水景生动活泼

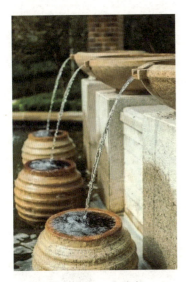
图2-1-20 小喷泉

图2-1-21 小型瀑布

（2）娱乐。水景可以"戏水""亲水"：湖面夏季可以划船，冬季可以滑冰，水池可以让儿童戏水或亲水，用来满足人们"近水""触水"的需求。利用栈道、亲水平台、桥等可以满足以上需求（图2-1-22、图2-1-23）。

图 2-1-22 亲水平台

图 2-1-23 戏水喷泉

3. 景观小品

景观小品是一些小型人工构筑物，可以巧妙组景，在景观中应用广泛。其种类多样，包括功能性与非功能性两大类。

（1）分类。依据景观小品的美化环境功能、标示区域功能、实用功能，将其分为以下几类：

①休息类。包括花架、园椅、桌凳等组合。

②装饰观赏类。包括置石、景墙、装饰性隔墙、雕塑、喷水池、花池等。

③交通引导类。包括桥、汀步、台阶、指示标志等。

④展示类。包括画廊、说明牌等各种指示牌。

⑤服务类。包括园灯、垃圾桶、饮水池、公共电话亭等。

（2）原则。景观小品在创作过程中首先要满足功能性原则，无论是实用上的还是精神上的，都要满足人的需求，"以人为本"是景观小品的首要设计原则；其次，景观小品除了具有功能性之外，还具有独特的欣赏性，包括地域性特色、文化性特色、时代性特色等，可以依据小品所在游园的主题进行主题性设计。

（3）设计要点。依据景观小品的分类，下面对几种主要的小品设计要点进行阐述：

①座椅。座椅是供游人休息和交流用的景观小品，具有较强的功能性。座椅在游园中的位置应离开路面一段距离，避开人流，形成休息的半开放空间。景观节点中的座椅应设置在面对景色的位置，让游人休息时有景可观。座椅的形态要依据景观的风格而定，与环境相互呼应、相协调（图2-1-24、图 2-1-25）。

②灯具。灯具也是游园中最常见的景观小品之一，主要是为了方便游人夜间行走，点亮夜空，渲染夜景。灯具类别很多，路灯、草坪灯、水下灯、地灯等都是景观中常见的灯具，但无论是哪

图 2-1-24 多功能休闲座椅

图 2-1-25 与环境相协调的观景座椅

种灯具，都需要功能齐备，具有一定的艺术性，形态优美，符合主题，以达到丰富空间层次和立体感，并用"光"与"影"来营造不一样的景观的目的（图2-1-26～图2-1-28）。

图2-1-26　路灯照明　　　　图2-1-27　艺术灯具　　　图2-1-28　座椅灯具

③指示牌。由于景观尺度相对较大，而且景观空间较多，因此需要较多的指示牌引导，以方便人们的活动。指示牌的设计多与其他小品的风格相协调，材料上多用防水、防晒、防腐的铸铁、不锈钢、防腐木等（图2-1-29～图2-1-31）。

图2-1-29　指示牌（1）　　图2-1-30　指示牌（2）　　图2-1-31　指示牌（3）

④垃圾箱。垃圾箱是小游园中不可缺少的景观小品，是保护环境的有效设施。垃圾箱的设计在功能上要满足人们的需求，区分垃圾类型，也要方便；在形态上要与环境协调，并利于投放垃圾，防止气味外溢（图2-1-32～图2-1-34）。

图2-1-32　特色垃圾箱（1）　图2-1-33　特色垃圾箱（2）　图2-1-34　特色垃圾箱（3）

五、游园的整体规划布局

1. 位置选择

小游园由于其特定性质不同,其位置的选择也会有很大的变化。专供游人游玩的小游园会受自然环境的制约,位置相对不固定。

如果是供人日常活动的小游园,则应建设在方便附近居民游览的位置或沿街布置。这种布置形式是将绿化空间从社区引向"外向"空间,与城市街道绿化相连。其优点是:既能为小区居民服务,又可向小区外市民开放,利用率较高;由于其位置沿街,不仅为居民游憩所用,还能丰富街道的景观;沿街布置绿地,也可分隔居住建筑与城市道路,阻滞尘埃,降低噪声,防风,调节温度、湿度等,有利于社区小气候的改善。

而另一种设计形式则是将游园布置在社区中心,使其成为"内向"绿化空间。其优点是:游园至社区各个方向的服务距离均匀,便于居民使用;小游园居于社区中心,在建筑群环抱之中,形成的空间环境比较安静,较少受到外界人流、交通的影响,能增强居民的领域感和安全感;游园绿化空间与四周的建筑群产生明显的"虚"与"实"、"软"与"硬"的对比,使社区空间有疏有密,层次丰富而富有变化。

2. 布局形式

(1)规则式。规则式即几何图式,园路、广场、水体等依照一定的几何图案进行布置,有明显的主轴线,给人以整齐、明快的感觉(图2-1-35、图2-1-36)。

图 2-1-35　规则式设计(1)

图 2-1-36　规则式设计(2)

(2)自由式。自由式布局灵活,能充分利用自然地形,如山丘、坡地、池塘等,迂回曲折的道路穿插其间,给人以自由活泼、富于自然气息之感。自由式布局能充分运用我国传统造园艺术手法,从而获得良好的效果(图2-1-37、图2-1-38)。

(3)混合式。混合式为规则式与自由式相结合的布局形式,既有规则式的整齐,又有自由式的灵活,与周围建筑、广场协调一致。

项目二　庭院景观规划设计　073

图 2-1-37　自由式布局平面

图 2-1-38　自由式布局细节

资料袋

　　拙政园　　　　　　留园　　　　　　狮子林　　　　　　网师园

任务实训

小游园庭院景观设计任务书	
项目概况	本项目是小游园庭院景观设计，面积在 2 800 m² 左右，要在对基地整体环境理解的基础上，灵活运用小游园庭院设计原则、要素等，创造出舒适宜人、独具特色的景观环境
项目原始平面	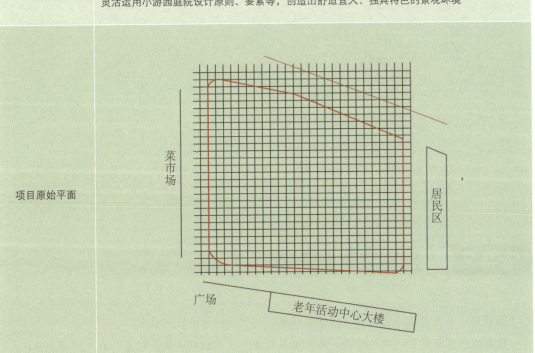

续表

小游园庭院景观设计任务书	
设计目的	1. 了解小游园景观设计原则：学会分析客户心理需求，准确定位小游园景观设计，满足人的心理和生理的需求 2. 熟悉小游园景观设计要素：合理的植物搭配，层次分明，季相变化明显，道路顺畅，地面铺装变化精致，布设亭子、小品等营造丰富的空间层次 3. 掌握小游园景观设计步骤：学会分析、勾画概念，能从功能、形式、技术、环境等多方面考虑设计方案，并能表达正确的设计内容
设计要求	1. 考虑小游园的性质，合理布局景观空间，要有独特的设计理念 2. 根据地域的不同，准确合理地选择树种，进行植物配置，使景观空间搭配层次丰富多样 3. 在功能上满足人们休闲、娱乐、观赏的要求，在设计上多运用景观小品来点缀空间，使景观空间内容丰富多彩 4. 设计表达要语言流畅、言简意赅，准确表达设计意图及对图纸的补充说明 5. 尺寸标注符合制图规范，构图合理，图纸数量齐全 6. 植物列表统计准确，并按规范排序
绘图要求	1. 图纸要严格按照国家园林及工程制图规范进行绘制；正确标注尺寸、材料等 2. 效果图及鸟瞰图可用 SU 软件出图 3. 用 Photoshop 进行后期处理，提供全套方案 4. 展板设计：打印尺寸 600 mm × 900 mm，排版自行设计 5. PPT 汇报稿要求有封面设计、目录、设计说明、方案鸟瞰图、总体平面图、构思概念图、各种分析图、景观意向图、效果图等，按顺序逐一展示作品
提交成果	1. 方案鸟瞰图 2. 总体平面图 3. 构思概念图 4. 功能分析图 5. 植物分析图 6. 流线分析图 7. 景观意向图（不限张数） 8. 植物列表（10 种左右） 9. 3～4 个局部主景效果图 10. 300 字左右的设计说明 11. 展板打印（600 mm × 900 mm） 12. PPT 汇报方案

任务2　别墅庭院景观设计

知识点：别墅庭院不同风格与造景的特点；别墅庭院景观设计要点。

技能点：掌握别墅庭院景观设计的方法与步骤，认识别墅庭院景观设计要素的重要性。

案例导入

赖特流水别墅

赖特流水别墅也叫考夫曼住宅，位于美国匹兹堡市郊区的熊溪河畔。它不仅有着美丽的外表与内在的装修，更令人瞠目的是周围的自然景色与瀑布的出现，这样与大自然完美地整合在一起，使这流水别墅像是由地下生长出来的一样。这座别墅是在原始质地上，聚集了建筑史上的诸多特殊流派和创作者的奇思妙想制作出来的（图2-2-1、图2-2-2）。

图2-2-1 流水别墅　　　　　　　　　　图2-2-2 流水别墅整体外观

赖特流水别墅在空间上的利用和处理一直都是该建筑的亮点，因此很多人认为该别墅在空间处理上堪称现代别墅的典范。在室内空间的设计上，赖特流水别墅主要体现出自由延伸和相互穿插两个特点。别墅一共有三层，其面积很大，为380 m^2 左右，其中第二层的起居室是整个别墅的中心，而另外的房间是以此为中心线左右平铺展开的，空间之间既相互区别，又相互融合。

赖特流水别墅在空间处理和体量的组合上取得了极大的成功。在内外的空间设计上最大的特点是空间之间的相互交融，室内、室外的空间融合得非常巧妙，浑然一体。该别墅在外形上是非常强调块体组合的，空间在建筑和建筑之间形成巧妙的连接，使得整个别墅与周围的环境交融在一起。并且别墅在空间陈设的选择上和家具样式的设计上都是经过设计师巧妙设计的，空间相互融合，使自然与建筑完美融合。

> **评析**：现代意义上的山水别墅并不是为了满足一种自给自足的生活而与城市生活相隔离，而是为了与城市生活取得一种对立上的均衡，并在此基础上求得一种与城市生活的兼容。流水别墅因与溪水、山石、树木自然地结合在一起而著名。相信随着人们生活水平、文化品位和生活格调的提高，人们会逐渐意识到将居住变成文化的重要性。
>
> **资料来源**：里外园林景观网
> http://www.zhulong.com/zt_yl/liwaiyuanlinjingguan/

赖特的流水别墅

知识链接

一、别墅景观设计风格

别墅庭院设计是园林景观设计中的点睛之笔，有着不可替代的重要作用。别墅庭院景观设计常见的风格有中式、美式、英式、德式、意式、法式、地中海式、田园式、现代式、日式等。在具体设计时，风格的确定主要考虑建筑物的风格。选择的设计风格不同，其表现特点也大不相同。下面介绍常见的几个别墅庭院设计风格。

1. 中式庭院——泼墨山水

中式庭院的特点是"浑然天成、幽远空灵"，其必备元素为假山、流水、翠竹。而"崇尚自然，师法自然"是中式庭院景观设计所遵循的一条不可动摇的原则，在这一原则的影响下，中式庭院景观把建筑、山水、植物相互协调形成综合体，在有限的空间范围内最大限度地利用自然条件，经过人为加工提炼，把自然美营造到极致，使自然环境与人为景观协调共生。

"障景""借景"等设计手法在中式庭院景观设计中最为常用，其利用大小、高低、曲直、虚实等对比，以达到扩大空间的目的，产生"小中见大"的效果，从而打破空间小而造成的设计局限性（图2-2-3、图2-2-4）。

图2-2-3 中式庭院景观（1）

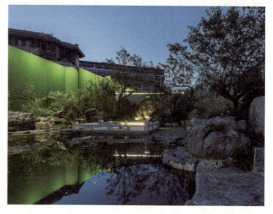
图2-2-4 中式庭院景观（2）

2. 美式庭院——豪放油画

美式庭院的特点是整齐大气、纯真质朴、富有活力，其必备元素为草坪、灌木、鲜花。美式庭院的设计理念在于对自然的尊重与再利用，认为现存的自然景观是景观设计表达的一个重要的组成部分，人需要在自然的气息中体会温馨与舒适。所以，在庭院的设计上，美式庭院可以说是最容易、最简单的结构之一。

美式庭院的气氛严谨而又带有随意，其中修剪得体的草坪和灌木、笔直的园路、大量的绿色植物、鲜艳的花草是不可或缺的。美式庭院的设计方法是利用丰富的自然环境构成广阔的景观环境，把自然引入生活，把自然引入城市甚至建筑中（图2-2-5～图2-2-7）。

图 2-2-5　美式庭院花草　　图 2-2-6　美式庭院自然景观　　图 2-2-7　美式庭院草坪

3. 德式庭院——精巧版画

德式庭院的特点是人为痕迹重，突出线条和设计，其必备元素是修剪、设计、搭配。德国到处都是森林河流，德国在保护和合理利用自然资源的同时，更注重生态环境，所以德式庭院的设计是综合的理性化设计，既满足各功能需求，又满足视觉审美。简洁的几何线条、几何形、几何体可以表现出严格的逻辑，清晰的观念，深沉、内向、静穆。自然元素被用来进行几何的组合，自然中呈现出更多的人工痕迹，这是自然与人工的冲突，给人的印象深刻（图2-2-8、图2-2-9）。

图 2-2-8　德式庭院别墅景观（1）　　图 2-2-9　德式庭院别墅景观（2）

4. 日式庭院——洗练素描

日式庭院受中国文化的影响很深，也可以说是中式庭院的微缩版，细节是日式庭院最精彩的地方。在景观中以一方庭院山水，而容千山万水景象；草是精心种植在石缝中和山石边的，突显出自然生命力的美；树是刻意挑选、修剪过的，如同西方的雕塑般有表情含义。一片薄薄的水面，滴水的声响，精心挑选的石材，不是自然恰似自然的"枯山水"，是人对自然的向往。过多的人工痕迹，反而形成了浓缩的自然，净化了思想。

墨绿的松针摆放在石板上，一株红枫矗立在竹林深处，细流潺潺从竹槽中流入井中，水中浮着几片红叶。这些细节达到了艺术的极致，产生了深远的意味（图2-2-10~图2-2-13）。

图 2-2-10 日式庭院"枯山水"

图 2-2-11 日式庭院树木

图 2-2-12 日式庭院灯具

图 2-2-13 日式庭院水景

二、别墅景观设计特点

1. 个性化

随着人们生活水平与文化素养的提高,别墅庭院的功能性开始有了丰富的变化,在设计上也更加趋向于个性化。别墅景观既要有使用功能,又要有审美功能,其个性化设计就是在综合分析业主的审美喜好、个性、经济能力的基础上,进行具有针对性的设计。

2. 私密性

私密性注重了个人的隐私,形成对外的隔绝性,以避免外界干扰。人们在完成自身行为的同时,在庭院空间中尽享明媚的阳光、清新的空气、花草的芳香,享受休憩设施的舒适,放松心情,欣赏园林小品及花草树木的风景美与自然美。

3. 空间延续

庭院是人为化了的自然空间,是室内空间的延续,也是一种过渡性空间,周边封闭而中心开敞,空间形式特殊,别墅庭院空间承载着人们更广的活动范围。

三、别墅庭院功能分区

1. 入口区

别墅庭院入口是庭院的开始,也是结束,就像家居空间中的玄关,是庭院设计最重要的一个部分。入口会使人产生最初的印象与评价,所以入口设计要有强烈的视觉冲击力,例如,可以在庭院入口处设置延伸平台,使平台与庭院的内部形成延续性,也可以在入口处布置相应的植物,利用植物的错落变化来营造温馨的环境(图2-2-14)。

图 2-2-14 私人别墅入口

2. 观赏区

别墅庭院由于其功能性的延展,可以供人休闲娱乐。所以,别墅庭院的观赏性也极其重要,在设计时要规划特定的观赏空间,设置平台,便于家庭人员的聚会;可以设置雕塑、喷泉、小品、水景、休闲设施等元素,既可以体现业主的喜好,又可以真正地体现其实用性。

3. 休闲区

观赏区与休闲区一般相互毗邻，或是合二为一，利用别墅庭院的平坦地势，用平台凉亭与花架花坛组合，也可以设置休闲座椅，再利用植物进行空间划分，既分隔空间又有联系，形成空间的虚实对比（图2-2-15、图2-2-16）。

图2-2-15　休闲区设计（1）

图2-2-16　休闲区设计（2）

4. 健身区

根据别墅的地形，可在庭院内设计一个下沉的用矮墙围合的隐蔽游泳池，方便闲暇时健身娱乐。

5. 车库及停车场

考虑到户主私家车的停放，可以设置和建筑一体的车库，也可以在入园门口邻近的地方设置停车场。

四、别墅庭院景观设计要素

1. 园路及铺装

别墅庭院一般都不是很大，铺装应细腻、精致。当庭院面积相当小时，除保留树木、灌木、花草的空间外，其余部分应采取铺装处理，因为小区域的草皮不易生长且观赏性不佳，维护也十分费力。庭院园路宜窄，线形蜿蜒，以曲胜直，铺装材料要符合设计风格，满足设计需要。

微解说：园路铺装的几种形式

① 雕砖卵石路面　② 块料路面　③ 汀石

① 雕砖卵石路面：又被誉为"石子画"，它是选用精雕的砖、细磨的瓦或预制混凝土和经过严格挑选的各色卵石拼凑成的路面，图案内容丰富，是我国园林艺术的杰作之一。

② 块料路面：以大方砖、块石和制成各种花纹图案的预制混凝土砖等筑成的路面。这种路面简朴、大方、防滑、装饰性好。

③ 汀石：它是在水中设置的步石，汀石适用于窄而浅的水面。

2. 亭子

别墅庭院中廊架、景亭所占空间的比例较大，可以构成庭院的主景，常作为景观构图的视觉重点来处理。但如果庭院较小，则可以改变亭子的样式，利用遮阳伞等替代，以免造成空间局促或压迫感（图 2-2-17、图 2-2-18）。

图 2-2-17　观赏亭设计（1）

图 2-2-18　观赏亭设计（2）

3. 水体

别墅庭院的水体设计以安静舒适为主，喷泉的水声不宜太大，出水口要有含蓄与幽深的美感，溪流要配合地形和落差来考虑（图 2-2-19、图 2-2-20）。

图 2-2-19　庭院水体设计（1）

图 2-2-20　庭院水体设计（2）

4. 庭院小品

别墅中的小品指假山、凉亭、花架、雕塑、桌凳等各种在庭院中可摆设的物品。一般这些体量都很小，但在庭院中能起到画龙点睛的效果。这些小品无论是依附于景物还是相对独立，均应经艺术加工，精心琢磨，才能适合庭院特定的环境，形成剪裁得体、配置得宜、小而不贱、从而不卑、相得益彰的园林景致。运用小品可以把周围环境和外界景色组织起来，使庭院的意境更生动，更富有诗情画意（图 2-2-21、图 2-2-22）。

图 2-2-21 别墅景观假山

图 2-2-22 别墅景观小景

资料袋

美国俄州波特兰市
HOKE 别墅景观

家庭别墅景观
Family residential courtyard design

希腊 Ypsilon 别墅景观（Greece Ypsilon Villa view）

苏州建发·独墅湾（Soochow Build Dushu Bay）

任务实训

某地区独栋别墅庭院景观设计任务书	
项目概况	本项目是独栋别墅庭院景观设计，面积为 1 800 m² 左右，要在对基地整体环境理解的基础上，灵活运用别墅庭院设计风格、要素等，创造出舒适宜人、独具特色的私人别墅环境
项目原始平面	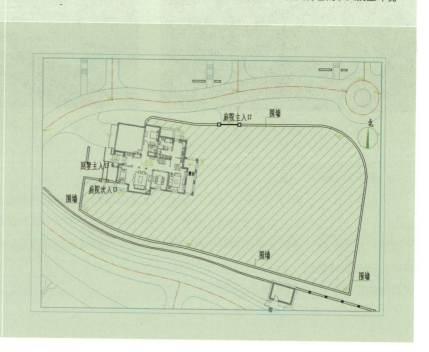

续表

	某地区独栋别墅庭院景观设计任务书
设计目的	1. 了解别墅景观设计风格：学会分析客户心理需求，准确定位别墅景观设计风格，满足人的心理和生理的需求 2. 熟悉别墅景观设计要素：合理的植物搭配，层次分明，季相变化明显，道路顺畅，地面铺装变化精致，布设亭子、小品等营造丰富的空间层次 3. 掌握别墅景观设计步骤：学会分析、勾画概念，能从功能、形式、技术、环境等多方面考虑设计方案，并能表达正确的设计内容
设计要求	1. 考虑别墅庭院景观的性质，合理布局景观空间，要有独特的设计理念 2. 根据地域的不同，准确合理地选择树种，进行植物配置，使景观空间搭配层次丰富多样 3. 在功能上满足人们休闲、娱乐、观赏的要求，在设计上多运用景观小品来点缀空间，使景观空间内容丰富多彩 4. 设计表达要语言流畅、言简意赅，准确表达设计意图及对图纸的补充说明 5. 尺寸标注符合制图规范，构图合理，图纸数量齐全 6. 植物列表统计准确，并按规范排序
绘图要求	1. 图纸要严格按照国家工程制图规范进行绘制；正确标注尺寸、材料等 2. 效果图及鸟瞰图可用SU软件出图 3. 用Photoshop进行后期处理，提供全套方案 4. 展板设计：打印尺寸600 mm×900 mm，排版自行设计 5. PPT汇报稿要求有封面设计、目录、设计说明、方案鸟瞰图、总体平面图、构思概念图、各种分析图、景观意向图、效果图等，按顺序逐一展示作品
提交成果	1. 方案鸟瞰图 2. 总体平面图 3. 构思概念图 4. 功能分析图 5. 植物分析图 6. 流线分析图 7. 景观意向图（不限张数） 8. 植物列表（10种左右） 9. 3~4个局部主景效果图 10. 300字左右的设计说明 11. 展板打印（600 mm×900 mm） 12. PPT汇报方案

PROJECT THREE

项目三 广场景观规划设计

导读

本项目介绍了广场景观设计的要求、步骤与方法，以及广场景观设计的含义，并分析了广场景观设计思路、设计要素，提炼出完整的广场景观设计方法与案例。

任务 1　市政广场景观设计

知识点：市政广场的含义；市政广场景观设计原则。

技能点：掌握市政广场景观设计的方法与步骤，认识市政广场景观设计要点的重要性。

案例导入

大连人民广场

大连人民广场是市级行政机关所处的城市中心广场，行政和司法机关集中分布，广场布局对称，绿草茵茵，长廊悠远，喷泉随着音乐起舞，整个广场庄严又美丽（图3-1-1）。

大连人民广场位于大连市西岗区，总面积187.5亩（1亩=666.7 m²），其中草坪面积60亩。这里是大连的行政和司法中心，大连市人民政府、中级人民法院、检察院、公安局坐落在广场上。广场的北面是大连市人民政府，西北是大连市中级人民法院，东北是大连市公安局，它们都是典型的欧洲建筑。古典的建筑给这个作为大连行政司法中心的广场增添了一份庄严和肃穆，而广场上的四大块绿地更是为这座经历百年风雨的广场增加了无限的活力。仰望广场的天空，总能发现高旋天际的各式风筝。穿过广场中央的中山路上，优雅的女骑警是广场上一道亮丽的风景。骏马迈着舞步般高贵的步伐在广场上踱来踱去，女骑警英姿飒爽，笑靥如花，亲切地和游客合影（图3-1-2、图3-1-3）。

图 3-1-1　人民广场全景图

图 3-1-2　女骑警

图 3-1-3　人民广场俯视图

广场上的大型喷泉包括欧式建筑和建筑前的大水池。欧式建筑长70.8 m，高6 m，有水溢出时，形成二层叠水，人们可以在水帘下的廊中穿行或小憩，听水声，观水景，赏满目绿色。建筑前的大水池的面积为890 m²，水池中有2 000个喷泉口，可随音乐节奏喷射出21种基本变化水形。优美的喷泉音乐，再配上鲜嫩的绿色主调，交织成一幅动人的七彩织锦。这幅绝美的七彩织锦在北方明珠的板块上熠熠生辉（图3-1-4、图3-1-5）。

图 3-1-4　夜色中的喷泉

图 3-1-5　夜色中的广场

> **评析**：人民广场是典型的市政广场之一，在空中俯瞰是完全对称的方形布局。广场中央分4块面积达4公顷的大草坪，绿草茵茵，广场鸽悠闲散步，衬以姹紫嫣红的鲜花，令人赏心悦目。优雅的女骑警是广场上一道亮丽的风景，灯火辉煌时是喷泉最美的时刻，喷泉随着音乐的节奏以各种不同的方式喷射，在幻彩灯光的交织下，美景尽收眼底。
>
> 资料来源：当代景观 http://www.deld.com.cn/

大连人民广场

知识链接

一、市政广场的含义

市政广场通常位于市政府、城市行政中心的所在地，是政府机关展现出的直观表现元素，代表着一个城市的对外形象，也用于政治集会、庆典、游行、检阅、礼仪及民间传统节日等活动。市政广场与其他广场类型在性质和功能方面有较大的差异，其空间布局相对庄严，设计理念也较为严谨（图3-1-6、图3-1-7）。

图3-1-6　天安门广场鸟瞰图

图3-1-7　桐乡市政广场

二、市政广场景观设计原则

1. "以人为本"原则

市政广场地处政治、文化中心，是政府对外形象的直观体现，也是政府与民众沟通的桥梁。市政广场除了需要具有集会功能以外，还需要做到"以人为本"，将尊重人、关心人作为设计指导思想落实到广场设计中，同时，也要提高市政广场的活动性，使广场设计符合人们的行为心理活动、交往心理活动与环境心理活动等（图3-1-8）。

2. 地域性原则

每个城市的市政广场都会有着不同的特色，设计要结合当地的区域特征、风土人情、传统文化等，将城市的精髓更好地展现；同时，要选择符合植物区系规律的物种，突出地方特色（图3-1-9）。

3. 文化性原则

市政广场作为体现文化的重要载体，可以将城市文化更好地展现于世人眼前。城市文化一方面是广场展现出来的地域特点和历史文化，另一方面也指在广场中体现出的大众文化。整个广场除了庄严以外，还应具有个性，这样才能全面体现城市的精神文明。

4. 生态性原则

市政广场是整个城市开放空间体系中最为重要的空间，它不但要提供一个空间以展现城市风貌，而且要做到"以人为本"。以往有许多市政广场一味地追求宏大的规模、庄严的氛围，采用了大面积的硬质铺装，甚至没有绿化，这不仅疏远了人与人、人与自然的关系，还缺少与自然生态的紧密结合。因此，现代市政广场设计也要以生态为原则，创造更宜人的环境（图3-1-10、图3-1-11）。

5. 尺度适配原则

大多数市政广场已经由单一性向多功能性转变，改变了原有空旷生硬的形象而增加了温馨的休闲空间，在这种情况下，虽然市政广场的尺度仍需要相对宏大，但也要适度，不要一味求大而失了市政广场所要承担的功能性。

图3-1-8　华盛顿市政中心广场

图3-1-9　莫斯科红场

图3-1-10　索林根市政广场

图3-1-11　荷兰Emmer市政广场

三、市政广场景观设计要点

1. 布局

市政广场的性质决定了其布局一般以规则式布局为主，常以矩形、正方形、梯形、圆形或者其他形状的几何形布局为主体，甚至有明显的轴线，强调其雄伟、庄重，空间布局较为严谨。标志性建筑物常位于轴线上，其他建筑、小品对称或对应布局，一般不安排娱乐性、商业性很强的设施和建筑，但会设计相应的休闲、娱乐设施，供人们在一定时间段内进行活动（图3-1-12、图3-1-13）。

图3-1-12　纳什维尔市政公共广场（1）　　　　图3-1-13　纳什维尔市政公共广场（2）

2. 铺装

市政广场多以硬质材料铺装为主，为大量的人群提供自由活动、节日庆典的空间，但绿化与硬质铺装的比例也要适当，缺一不可；当然，也有以软质材料绿化为主的市政广场，这样的设计具有亲切感。

3. 交通

道路是一个市政广场的脉络，是各功能空间相互沟通的桥梁，也是广场与外界相联系的途径。市政广场要合理有效地解决好人流、车流问题，可采用立体交通方式，实现人车分流。

4. 协调

市政广场应与周边的建筑布局协调，无论平面、立面、透视感觉、空间组织和形体对比等，都应起到相互烘托、相互辉映的作用，反映出中心广场壮丽的景观（图3-1-14~图3-1-16）。

图3-1-14　西安市政广场规划设计方案效果图（入口处）

图 3-1-15　市政中心广场全景图

图 3-1-16　滨州市政广场全景图

资料袋

米德尔斯堡市政广场

佛罗伦萨市政广场

罗马市政广场

布鲁塞尔市政广场

任务实训

	市政广场景观设计任务书
项目概况	本项目是市政广场景观设计，要求设计时能准确地把握整体环境，理解设计意图，灵活运用设计原则及设计要点，体现出庄重宜人的独特环境
项目原始平面	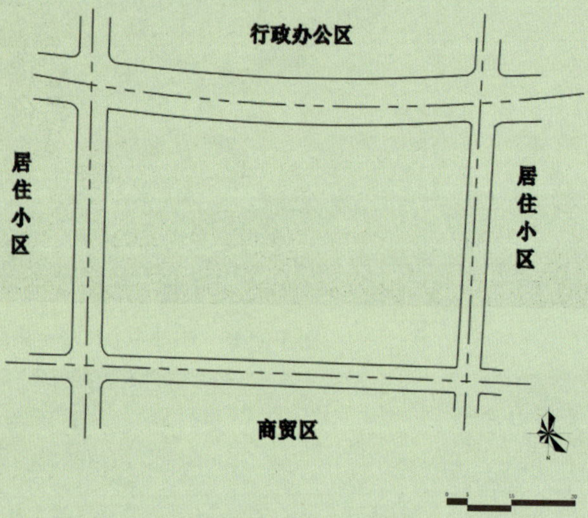 （图示：中间为广场用地，北侧为行政办公区，东西两侧为居住小区，南侧为商贸区）
设计目的	1. 了解市政广场景观设计原则：学会分析客户心理需求，准确定位市政广场景观设计，满足人的心理和生理的需求 2. 熟悉市政广场景观设计要点：合理的植物搭配，层次分明，季相变化明显，道路顺畅，地面铺装变化能营造丰富的空间层次 3. 掌握市政广场景观设计步骤：学会分析、勾画概念，能从功能、形式、技术、环境等多方面考虑设计方案，并能表达正确的设计内容
设计要求	1. 考虑市政广场的性质，合理布局景观空间，要有独特的设计理念 2. 根据地域的不同，准确合理地选择树种，进行植物配置，使景观空间搭配层次丰富多样 3. 在功能上满足人们休闲、观赏的要求，在设计上多运用景观植物来点缀空间，使景观空间内容丰富多彩 4. 设计表达要语言流畅，言简意赅，准确表达设计意图及对图纸的补充说明 5. 尺寸标注符合制图规范，构图合理，图纸数量齐全 6. 植物列表统计准确，并按规范排序
绘图要求	1. 图纸要严格按照国家园林及工程制图规范进行绘制；正确标注尺寸、材料等 2. 效果图及鸟瞰图可用 SU 软件出图 3. 用 Photoshop 进行后期处理，提供全套方案 4. 展板设计：打印尺寸 600 mm×900 mm，排版自行设计 5. PPT 汇报稿要求有封面设计、目录、设计说明、方案鸟瞰图、总体平面图、构思概念图、各种分析图、景观意向图、效果图等，按顺序逐一展示作品

续表

市政广场景观设计任务书	
提交成果	1. 方案鸟瞰图 2. 总体平面图 3. 构思概念图 4. 功能分析图 5. 植物分析图 6. 流线分析图 7. 景观意向图（不限张数） 8. 植物列表（10种左右） 9. 3～4个局部主景效果图 10. 300字左右的设计说明 11. 展板打印（600 mm×900 mm） 12. PPT汇报方案

任务 2　休闲广场景观设计

知识点：休闲广场的作用；休闲广场景观设计要点。

技能点：掌握休闲广场景观设计的方法与步骤，认识休闲广场景观设计要素的重要性。

案例导入

美国爱悦广场

爱悦广场（Lovejoy Plaza）是劳伦斯·哈普林在20世纪60年代的作品，三个广场由一系列已建成的人行林荫道来连接。爱悦广场是波特兰系列的第一站。系列的第二站是柏蒂格罗夫公园，它是一个供休息、安静、青葱的多树荫区域。集会堂前庭广场是系列的第三站（图3-2-1、图3-2-2）。

图3-2-1　爱悦广场（1）

图3-2-2　爱悦广场（2）

哈普林花了两个礼拜时间去发掘席尔拉瀑布的水流轨迹，想从自然界获得某种推论与精神的感受，但他的设计只反映出转化成人类方式的能量，尽管这种造型比重新翻版考究的造型好。

爱悦广场在实施中使用了简单而具重量的材料，壮观与蓬勃生气二者之间的对比，在此公园中展现出来。中国阴阳的哲学体系，也在爱悦广场中呈现出来——绿色的部分是阴性并徐徐前进的，而雕塑的造型则是坚固晶莹剔透、呈阳性的。爱悦喷泉处于一组表现主义风格的用混凝土堆砌的石片中，水流从石缝中迸射出来，形成一段神奇美妙的弧线，然后展开，恢复成平面，直至静止。整个过程表现出水的不同形态，构成广场的特征并成为整个广场的中心。参观者则与景观融合在一起，从各个角度和平面，人们可以主动观景，也可以成为被观看的景观。当人们意识到自己既是演员又是观众时，这样的融合会使他们异常兴奋。这个空间由20世纪最常见的材料组成，可以让人体会到少有的爆发和寂静的双重感觉。在波特兰大城市背景中，爱悦广场可使人在徒步游览时达到观景高潮（图3-2-3、图3-2-4）。

喷泉是从石块组成的方形广场上方，以一连串的清澈流水，自上而下以阶段式与激流式流出，直到水流至上方80 ft（1 ft=30.48 cm）宽的峭壁处扩展开来，后笔直流下18 ft高，再汇集到下方的水池中。就如广场名称的含义，它是为公众参与而设计成的一个活泼和令人振奋的中心。广场的喷泉使人们联想到席尔拉瀑布，喷泉吸引人们进入其中，并将自己淋湿，让人们身在城市，却可以领略瀑布的风姿。对于哈普林来说，由广场系列所展现的最重要观念，就是自然与人的关系。广场建筑所折射的就是大自然。广场的一切将构想大自然的过程具体化了。爱悦广场的不规则台地，是自然等高线的简化；广场上休息廊的不规则屋顶，来自对落基山山脊线的印象；喷泉的水流轨迹，是他反复研究加州席尔拉山（High Sierras）山间溪流的结果。广场中混凝土台阶和池边的设计给人以一种如同流水冲蚀过的感觉，其形象是从高原荒漠中得到的灵感，而高原荒漠以其象征性的峭壁而闻名（图3-2-5~图3-2-7）。

图3-2-3　爱悦广场喷泉（1）

图3-2-4　爱悦广场喷泉（2）

图3-2-5　爱悦广场喷泉（3）

项目三 广场景观规划设计 093

图 3-2-6 爱悦广场喷泉（4）

图 3-2-7 爱悦广场汀步

评析：爱悦广场是劳伦斯·哈普林的典型作品之一，是为公众参与而设计的一个景观广场，设计形式活泼且令人振奋。喷泉周围是不规则折线的台地，两者构成整个广场的中心。参观者与景观融合在一起，给参观者带来精神上的愉悦。

资料来源：定鼎园林 http://www.ddove.com

美国爱悦广场

知识链接

高度发达的物质文明使人类的生活方式更加趋于多元化，人类迫切需要融休息、娱乐等多功能为一体的公共场所。现代的休闲广场就是这样孕育而生的，它是对建筑内部空间的补充，是内部空间在室外的外延。休闲广场不同于其他性质的广场，主要供游憩活动。在纷繁复杂的都市中，拥有一个富有良好的空间效果和绿化设计的休闲广场，是城市设计的重要手段之一。

一、休闲广场的含义

休闲广场是现代城市中最为常见的广场类型，它是集休闲、娱乐、游玩、健身以及交流活动于一体的综合性广场。其位置常常选择在人口较密集的地方，以方便市民的使用，如街道旁、市中心区、商业区以及居住区等。

二、休闲广场的作用

1. 联系性

广场是建筑围合而成的户外公共空间，而这个公共空间又将周围的建筑组成一个有机的整体。广场是建筑与外部空间联系的纽带，将整个城市的规划整体化，并且使城市建设具有一定的连续性。

2. 共享性

城市中的广场不仅是空间的载体，而且具有共享的特征。意大利人喜欢在广场上与亲朋约会，并把广场称作露天的客厅。在这个共享空间里，人们可以扩大交往，形成群体意识，克服自身的不足。

3. 休闲性

休闲广场，顾名思义，要以休闲娱乐为主，所遵循的是"以人为本"的设计原则，给人以安逸之感。合理地安排绿化、设施，都可以较好地体现广场的休闲性，让人身心放松、乐在其中（图3-2-8~图3-2-11）。

图 3-2-8　澳大利亚亨利广场

图 3-2-9　西班牙城市广场

图 3-2-10　西班牙格拉纳达广场

图 3-2-11　Ponte Parodi 海港

三、休闲广场景观设计要点

休闲广场应有综合的功能和明确的主题，来体现休闲广场的特色。在这个基础上，辅以与之相配合的次要功能，形成与周边环境相协调的延展。这样才能主次分明，有一定的可辨识性，而不是千篇一律。休闲广场在空间设计上要以空间序列为组织依据，有序地进行空间安排，力求做到整体中求变化（图3-2-12、图3-2-13）。

1. 广场的功能

休闲广场的功能和作用有时可以按其城市所在的位置和规划要求而定，休闲广场的性质也决定了其功能特征必然是以游乐性和趣味性为主。这就要求广场设计体现休闲广场的固有特征，并且满足人民群众日益增长的对城市的空间环境的审美要求。

2. 广场的主题

广场作为城市设计的重要部分，是体现城市特色、文化底蕴、景观特色的场所，是一个城市的象征和标志。所以，休闲广场应具有鲜明的主题和个性，它以城市文化为背景，使人们在游憩中了解城市、解读城市。休闲广场可以以当地的风俗习惯、人文氛围活动为特征，也可以通过场地条件、景观艺术来塑造自己鲜明的个性。

3. 广场的尺度

广场是大众群体聚集的大型场所，因此要有一定的规模，即超出110 m的限度。广场尺度处理必须因地制宜，解决好尺度的相对性问题，即广场与周边围合物的尺度匹配关系。美国建筑师卡米洛·希特（Camillo Sitte）在《城市与广场》中指出，广场的最小尺度应等于它周边主要建筑的高度，而最大的尺度不应超过主要建筑高度的2倍。当然，如果广场周围的建筑立面处理得比较厚重，尺度巨大，也可以配合一个尺度较大的广场。虽然广场长宽比也属于重要的控制因素，但很难准确地描述。经验表明，一般矩形广场的长宽比不大于3∶1(图3-2-14、图3-2-15)。

图3-2-12　东京丰州LaLaport码头休闲广场

图3-2-13　荷兰蒂尔堡山休闲广场

图3-2-14　里斯本瀑布广场

图3-2-15　迈阿密动物园欢迎广场

四、休闲广场景观设计要素

休闲广场更需要注意设计细节，除了实用性，观赏性、空间性、灵活性等方面都要综合考虑，设计要素涉及得更加广泛。设计时应注意空间的领域感，在丰富的空间形态中求统一。设置台阶、座椅等供人休息，设置雕塑、喷泉、花坛、水池以及有一定文化意义的雕塑小品供人欣赏。

1. 空间形态

广场的空间形态主要表现为平面型和立体型两种形式。

平面型的广场比较常见，这类广场在剖面上没有太多的变化，接近水平地面，一般位于城市较为繁华、交通便利的地方。平面型广场人工痕迹较重，缺乏空间层次感和特色景观环境。

立体型广场是广场在垂直维度上的高差与城市道路网格之间所形成的立体空间，可分为上升式广场和下沉式广场。立体型广场多依据自然场地的落差，形成具有层次的立体化空间，利用高低落差实现人车分流，利用地形结合水体使空间产生灵动感。立体型广场可以为人们提供一个安静、围合并极具归属感的安全空间（图 3-2-16、图 3-2-17）。

图 3-2-16　平面型广场

图 3-2-17　立体型广场

2. 色彩

色彩作为人视觉最敏感的设计元素之一，在任何空间中都处于重要的地位。它的搭配是否协调，预示着整个设计的成功与否。色彩也是休闲广场设计中最动人的感官要素，色彩的无穷变化可以让人们产生心理共鸣和联想，大大增加环境的表现力，从而对广场的环境气氛起到强化和烘托的作用。广场空间当中的每种色彩都不能独立存在，都需要依靠协调、统一和对比的手法来进行整合，避免杂乱。

休闲广场与其他广场的性质不同，其色彩的应用也更丰富。可以选用较为温暖而热烈的色调，搭配鲜艳的色彩点缀，使广场产生活跃的气氛，增强休闲广场的生活性、休闲性、娱乐性。跳跃的色彩可以与周边的环境、建筑、植物等元素相得益彰（图 3-2-18、图 3-2-19）。

图 3-2-18　休闲广场色彩整体搭配（1）

图 3-2-19　休闲广场色彩整体搭配（2）

3. 灯光

灯光是渲染空间氛围的重要元素，广场中的灯光以照明为主。可以利用灯光对景观要素加以重塑，从而美化广场环境；也可以利用灯具造型及其光色的协调，使环境空间更符合主题。

广场灯光设计要考虑造型、功能和环境三个方面，并且要遵循一定的设计原则。

广场灯光设计要有整体性、协调性、主题性，使广场的整体与局部相互融合、互相呼应、浑然一体，从而可以使灯光具有一定的艺术性与审美性。

广场中的灯具应具有新颖性与艺术性，这样不仅可以在细节上更加具有装饰性，也可以在照明上使广场更具有创新性。

在功能性上以照明为主，所以中心区域照明可以亮一些，休闲区的照明一般即可。灯具的分类较多，一般可以分为：高杆灯，用于主要的活动空间；庭院灯，用于休闲区域；草地灯，用于园林绿地照明，创造特殊意境，常常布置在草地当中，创造繁星点点、绚丽迷人的景观效果(图3-2-20、图3-2-21)。

图3-2-20 休闲广场装饰灯光

图3-2-21 休闲广场灯光照明

4. 其他

广场绿化可以使空间具有尺度感和方位感。树木本身还具有指引方向、遮阳、净化空气等多重功效。绿化也可以作为重要的景观设计要素，合理配置，对其进行适当的修剪，既可以体现树木的阴柔之美，又可以体现其秩序性。根据不同地区的地域条件（如气候、土壤等），选择合适的植物花卉品种并与其观赏周期相配合，这样可以在不同的季节欣赏到不同的景致(图3-2-22、图3-2-23)。

图3-2-22 休闲广场植物配置（1）

图3-2-23 休闲广场植物配置（2）

水体是广场空间中人们重点观赏的对象，可分为静态水体和动态水体。静态水体的水面产生倒影，使空间显得深远；而动态水体，如喷泉、瀑布、跌水、导水墙等，可在视觉上保持空间的连续性，同时也可以分隔空间，丰富广场的空间层次，活跃广场的气氛(图3-2-24、图3-2-25)。

图 3-2-24　休闲广场静态水体

图 3-2-25　休闲广场动态水体

广场小品，如现代化的通信设施、雕塑、座椅、饮水器、垃圾桶、时钟、街灯、指示牌、花坛、廊架，应与总体的空间环境相协调；在选题、造型方面，小品应以趣味性见长，宜精不宜多，讲求得体点题，而不是新奇与怪异（图 3-2-26、图 3-2-27）。

图 3-2-26　休闲广场主题小品

图 3-2-27　休闲广场休闲小品

资料袋

东京丰州 LaLaport 码头休闲区景观设计

荷兰蒂尔堡山广场景观设计

西班牙巴利亚多利德千年广场景观设计

新加坡 Comtech 商业园区景观设计

任务实训

休闲广场景观设计任务书	
项目概况	本项目是休闲广场景观设计，要在对基地整体环境理解的基础上，灵活运用休闲广场景观设计的作用及要点等，创造出舒适宜人、独具特色的景观环境

续表

	休闲广场景观设计任务书
项目原始平面	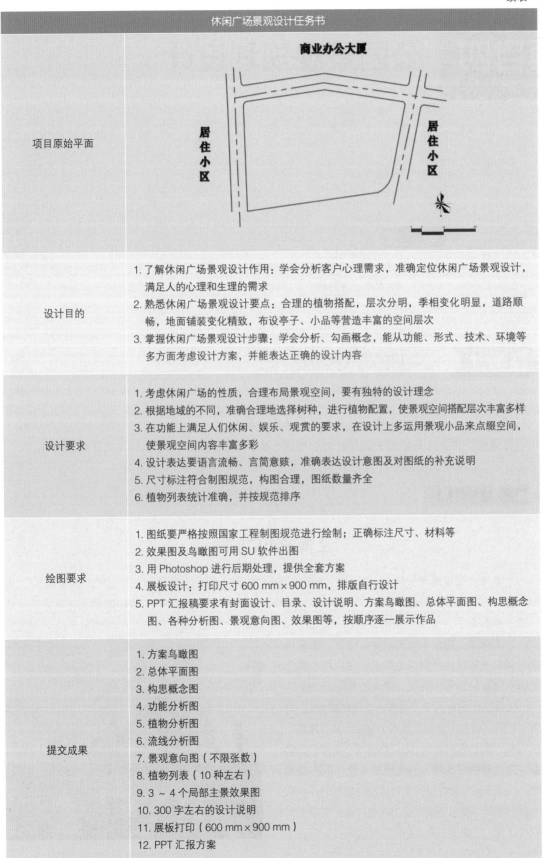
设计目的	1. 了解休闲广场景观设计作用：学会分析客户心理需求，准确定位休闲广场景观设计，满足人的心理和生理的需求 2. 熟悉休闲广场景观设计要点：合理的植物搭配，层次分明，季相变化明显，道路顺畅，地面铺装变化精致，布设亭子、小品等营造丰富的空间层次 3. 掌握休闲广场景观设计步骤：学会分析、勾画概念，能从功能、形式、技术、环境等多方面考虑设计方案，并能表达正确的设计内容
设计要求	1. 考虑休闲广场的性质，合理布局景观空间，要有独特的设计理念 2. 根据地域的不同，准确合理地选择树种，进行植物配置，使景观空间搭配层次丰富多样 3. 在功能上满足人们休闲、娱乐、观赏的要求，在设计上多运用景观小品来点缀空间，使景观空间内容丰富多彩 4. 设计表达要语言流畅、言简意赅，准确表达设计意图及对图纸的补充说明 5. 尺寸标注符合制图规范，构图合理，图纸数量齐全 6. 植物列表统计准确，并按规范排序
绘图要求	1. 图纸要严格按照国家工程制图规范进行绘制；正确标注尺寸、材料等 2. 效果图及鸟瞰图可用 SU 软件出图 3. 用 Photoshop 进行后期处理，提供全套方案 4. 展板设计：打印尺寸 600 mm×900 mm，排版自行设计 5. PPT 汇报稿要求有封面设计、目录、设计说明、方案鸟瞰图、总体平面图、构思概念图、各种分析图、景观意向图、效果图等，按顺序逐一展示作品
提交成果	1. 方案鸟瞰图 2. 总体平面图 3. 构思概念图 4. 功能分析图 5. 植物分析图 6. 流线分析图 7. 景观意向图（不限张数） 8. 植物列表（10 种左右） 9. 3~4 个局部主景效果图 10. 300 字左右的设计说明 11. 展板打印（600 mm×900 mm） 12. PPT 汇报方案

PROJECT FOUR

项目四 公园景观规划设计

导 读

本项目介绍了公园景观设计的要求、步骤与方法，以及公园景观设计的含义，并分析了公园景观设计思路、设计要素，提炼出完整的公园景观设计方法与案例。

任务 1 主题公园景观设计

知识点： 主题公园的含义；主题公园景观设计原则。

技能点： 掌握主题公园景观设计的方法与步骤，认识主题公园景观设计要点的重要性。

案例导入

上海迪士尼乐园

上海迪士尼乐园是一座"神奇王国"风格的迪士尼主题公园，包含六个主题园区："米奇大街""奇想花园""探险岛""宝藏湾""明日世界""梦幻世界"。每个园区都充满郁郁葱葱的花园、身临其境的舞台表演、惊险刺激的游乐项目。走进上海迪士尼乐园，最震撼人心的画面就是眼前巍峨耸立的公主城堡。每座迪士尼乐园都会有一座童话故事里的城堡作为地标，上海迪士尼乐园的城堡是所有迪士尼乐园中最高、最大的（图4-1-1）。

上海迪士尼乐园中央建设一个占地约69亩的美丽花园，这个创意正是来源于中国元素。原来，在所有的迪士尼乐园中，入口都有一个美国小镇大街，这仿照的是华特·迪士尼本人生长的小镇面貌。而迪士尼方面在设计上海迪士尼乐园时，创意人员都觉得，美国小镇大街的概念可能对中国游客并不适合，于是就想到了中国园林的形式，所以上海迪士尼乐园在规划上具有中国传统设计魅力。

图 4-1-1　上海迪士尼乐园实景

1. 主题园区："米奇大街"

"米奇大街"是奇思妙想的第一站，人们从步入这里起将感到上海迪士尼乐园欢快的氛围，远离尘嚣，并由此进入各个充满探险、梦幻和未来感的主题园区。"米奇大街"有许多美丽的马赛克拼瓷，拼凑出四季中的迪士尼明星（图 4-1-2、图 4-1-3）。

图 4-1-2　甜心糖果

图 4-1-3　M 大街购物廊

2. 主题园区："奇想花园"

"奇想花园"赞颂着大自然的奇妙。人们徜徉于七座神奇花园中，时而驾着"幻想曲旋转木马"体验回旋的欢乐，时而乘着"小飞象"在天空中尽情翱翔，时而陶醉于"音悦园"的美景与旋律中。"奇想花园"拥有风景迷人的小桥步道，交织通达各个主题园区，漫步园中，游客们将遇见米奇和他的伙伴们，更可以前往观景阶梯欣赏城堡舞台表演与夜光幻影秀。

该园区包括七座风格各异的花园——"十二朋友园""音悦园""浪漫园""碧林园""妙羽园""幻想曲园"和"童话城堡园"，分别呈现了亲情、友情与欢乐的主题。每座花园都充满了趣味盎然的活动、花繁叶锦的景观设计（图 4-1-4、图 4-1-5）。

图 4-1-4　"小飞象"

图 4-1-5　"幻想曲旋转木马"

3. 主题园区："梦幻世界"

"梦幻世界"是上海迪士尼乐园中最大的主题园区，宏伟壮丽的"奇幻童话城堡"便坐落其中。人们可以在城堡上俯瞰童话村庄和神奇森林，也可以在各类精彩有趣的景点中沉浸于备受喜爱的迪士尼故事。在这个童话仙境中，游客将乘坐"晶彩奇航"经历熟悉的迪士尼故事。这一奇幻的游览体验也成为上海迪士尼乐园全球首发的游乐项目。无论是年轻人还是拥有年轻心态的游客，都会沉浸于这个永恒的园区中，在这里见证童话的诞生和长存。游客可乘着"七个小矮人矿山车"在闪耀着宝石光芒的矿洞隧道中穿梭，在"小飞侠天空奇遇"里俯瞰伦敦，和小熊维尼探索"百亩森林"，和爱丽丝一起漫游华丽的"仙境迷宫"（图4-1-6～图4-1-8）。

图4-1-6 爱丽丝梦游仙境

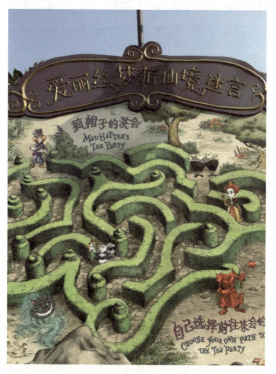

图4-1-7 "仙境迷宫"

图4-1-8 红皇后

4. 主题园区："探险岛"

"探险岛"可带领游客进入远古部落中——这里四处弥漫着神秘色彩，还有隐秘的宝藏。巍峨的雷鸣山令人一眼就能找到"探险岛"园区，而它也是一则古老传说的发源地。神秘爬行巨兽长栖于山中，蛰伏着，等待重见天日的时机到来，据说山里偶尔传来的轰隆声就是它的怒吼。在雷鸣山脚可以去"古迹探索营"走出自己的探索之路，证明自己是真正的冒险家；或是在"翱翔·飞越地平线"里穿越时空；更可登上惊险的筏艇历险"雷鸣山漂流"，深入"探险岛"腹地。"探险岛"的历史从传说和迪士尼的想象中而来，源于数千年前亚柏栎人在这座岛屿上建立的昌盛文明。一支国际探险家组成的队伍——探险家联盟发现了这座岛。"探险岛"的每一处都能让游客一探古老神秘，发掘这座与世隔绝的岛屿，留下难忘的回忆（图4-1-9、图4-1-10）。

图 4-1-9　"古迹探索营"

图 4-1-10　"雷鸣山漂流"

5. 主题园区："宝藏湾"

"宝藏湾"里有一群乐天随性、爱惹是生非又个性鲜明的海盗玩起了欢闹的游戏。游客能争当海盗船长的"大副",还可与杰克船长合影留念,听他讲述海盗鲜为人知的故事。在位于"奇幻童话城堡"之中的"迎宾阁"里,游客们能遇见迪士尼公主们,并与她们合影留念。在"皇家宴会厅",将提供皇室标准的盛宴佳肴。

6. 主题园区："明日世界"

"明日世界"展现了未来的无尽可能。它选用了富有想象力的设计、尖端的材料,利用系统化的空间,体现了人类、自然与科技的最佳结合。"明日世界"园区传达的是希望、乐观和未来的无穷潜力,全新的星际探险射击式项目"巴斯光年星际营救"(图4-1-11)带领游客们勇往直前、超越无限;"喷气背包飞行器"让人们突破重力束缚;"星球大战远征基地"和"漫威英雄总部"则将游客带入星战和漫威的世界。在"创极速光轮"这个迪士尼全球首发的游乐项目中,游客们将乘坐两轮式极速光轮摩托体验全球迪士尼乐园中最紧张刺激的冒险之一,飞速驶过室内、户外轨道,感受丰富多彩的故事。

图 4-1-11　"巴斯光年星际营救"

> **评析**：上海迪士尼乐园包含六个主题园区："米奇大街""奇想花园""探险岛""宝藏湾""明日世界""梦幻世界"。作为中国大陆首座迪士尼主题乐园,上海迪士尼乐园为游客提供无限可能,创造值得珍藏一生的回忆。上海迪士尼乐园带给人们的快乐和欢笑没有年龄之分——孩子们能和他们最爱的迪士尼朋友见面互动,家长们可在旁微笑着记录下每一个精彩瞬间;孩子们穿上"喷气背包飞行器"翱翔天际,家长们则可以在郁郁葱葱的花园里散步休憩。这里同样是年轻人的乐土——乐园里无处不在的新奇、刺激和冒险都在等着他们去开启梦想,它是主题公园设计的杰出代表之一。
>
> 资料来源：中国风景园林网
> http://www.chla.com.cn/htm/2015/0930/239850.html
>
>
> 上海迪士尼主题公园

知识链接

一、主题公园的含义

主题公园是根据某个特定的主题，采用符合主题的个性化方式，集娱乐、休闲、服务、旅游等诸多功能于一体的特有公园。

主题公园是为了满足人们多样化休闲娱乐需求和选择而建造的一种具有创意性活动方式的现代化娱乐场所。它是根据特定的主题创意，主要以文化复制、文化移植、文化陈列以及高新技术等手段，以虚拟环境塑造与园林环境为载体，来迎合消费者的好奇心，以主题情节贯穿整个公园的休闲娱乐活动空间（图 4-1-12、图 4-1-13）。

图 4-1-12　成都云朵公园　　　　　　图 4-1-13　丹麦 Lemvig 滑板公园

二、主题公园景观设计原则

1. 多样性

每个主题公园都有着自己的主题，但即使是功能相近、主题相近，在设计上也会有多样性的变化，彰显每个主题公园的个性与特点（图 4-1-14～图 4-1-16）。

2. 以人为本

主题公园以旅游为主，是供人娱乐、游玩、休闲的活动空间，是为人而设、为人而存在的，这就代表着无论在设计、设施还是在绿化等方面，都要以人为本，做到高度人性化。只有这样，才能保证主题公园的功能性、舒适性、观赏性。

3. 特色性

找到每个主题公园的固有特点，利用科技、景观等设计手法对特色进行强化，才能凸显出公园的与众不同，只有"独特"，才能"深刻"，才可以让人"流连忘返"。

4. 生态性

任何公园的设计都要注重"生态性"设计。应注重对公园原基地的环境保护，做到以最少的人工干预做最好的景观设计，这样才可以保护生态环境。

5. 因地制宜

公园的设计要注重地域性，注重当地的文化、民俗、建筑特征、景观特点等，做到因地制宜。不仅要体现公园的主题性，也要体现地域性，将现代与历史、科技与文化、娱乐与景观相结合。

图 4-1-14　Ian Potter 儿童野外游玩花园（1）　　图 4-1-15　Ian Potter 儿童野外游玩花园（2）　　图 4-1-16　Ian Potter 儿童野外游玩花园（3）

三、主题公园景观设计要素

1. 主题的选择与定位

主题公园的景观规划设计在传统公园的规划设计上提出了新的要求：不仅要满足游客的各种需要，而且要充分利用基地的自然资源、自然地形、自然景观等，创造完全不同的景观。它追求的不是中庸的设计，而是新奇的创意和引人入胜的景致。

主题公园的组成要素分为自然要素和人文要素。自然要素包括土壤、山石、植物、水等；人文要素包括景观建筑、小品、铺地、坡道、桥梁等工程设施。对于主题乐园的景观要素，又在以上要素的基础上增加了很多表现主题的要素，例如，角色要素包括游行队伍、主题角色等展现主题的衍生元素（图 4-1-17、图 4-1-18）。

图 4-1-17　卡塔尔氧气公园鸟瞰　　　　图 4-1-18　卡塔尔氧气公园内景

2. 景观节点设计

主题公园的景观节点包括主景观节点和次景观节点。景观节点主要集中在道路交叉口、入园出入口、分区出入口等。这些景观节点的设计首先就是形象和立意要与主题保持一致，其次还要利用夸张、对比等设计手法进行表现，增强景观节点的视觉冲击力，便于游客辨别景观节点所在位置。此外，还应该与所处环境进行充分融合，充分发挥其点缀环境和聚焦游客的功能（图4-1-19、图4-1-20）。

图4-1-19　华夏幸福江门龙溪湖公园景观节点分布　　　　图4-1-20　华夏幸福江门龙溪湖公园景观节点设计

3. 地标设计

目前，国内大多数主题乐园并没有给游客留下深刻的印象，或者说其形象并没有深入人心，这跟其地标的设计有一定的关系。一个主题乐园要想让人们对它印象深刻，一定要有它的标志，可以是它的吉祥物或地标。一般来说，地标的设计大多要么是体量、高度惊人，要么是夸张或者是有一定的历史背景和故事。主题乐园的地标设计一定要能生动地表现主题，诠释主题的含义，还要有明显的可识别性，对游客起到导视作用（图4-1-21、图4-1-22）。

图4-1-21　悉尼Wulaba公园（1）　　　　图4-1-22　悉尼Wulaba公园（2）

4. 各功能区域规划设计

功能区包括停车场分区、游客服务分区、住宿饭店分区、公共空间休息区、主题馆区等，在做景观规划设计时，要充分考量地形和坡度，结合土地使用规范，配合游览线路进行规划。主题乐园每个分区的规划设计一定要各有特色，一定要使游客有非常强烈的空间和领域意识，让游客从心理上慢慢接受这个非现实的世界，并真正融入其中，流连忘返。

5. 游园线路规划设计

在进行游园线路规划的时候，要做到人车分流，其目的除了保障游客的安全性之外，主要是方便游客游园，做好车行和步行的交接。

要考虑到服务性专用车道的设置，设置的车道要与游园线路分离。要保证消防车、工程车、商品供应车辆、垃圾清洁车等专用车辆不能出现在游客的视野里，还要考虑地形和坡度，要有利于排水。

在游园线路沿线景观设施的规划设计上，要能做到有系统地引导游客的视线，在进入每一个分区时，最好能让游客有惊奇的发现，就像乐园的大门一样，塑造十分强烈的领域感。在游园的线路上，固定距离最好设置休息设施（图4-1-23、图4-1-24）。

图4-1-23　浙江金华燕尾洲公园（1）

图4-1-24　浙江金华燕尾洲公园（2）

资料袋

大连老虎滩海洋公园

中华恐龙园

大连发现王国主题公园

深圳世界之窗

任务实训

主题公园景观设计任务书	
项目概况	本项目是主题公园景观设计，要在对基地整体环境了解的基础上，灵活运用主题公园景观设计原则、要素等，创造出适合人参与游玩互动的独具特色的公园环境
项目原始平面	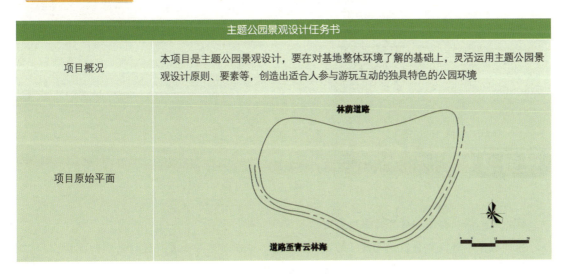

续表

	主题公园景观设计任务书
设计目的	1. 了解主题公园景观设计原则：学会分析客户心理需求，准确定位主题公园景观设计，满足人的心理和生理的需求 2. 熟悉主题公园景观设计要素：合理的植物搭配，层次分明，季相变化明显，地面铺装变化精致，游览路线道路顺畅及步移景异等营造丰富的空间层次 3. 掌握主题公园景观设计步骤：学会分析、勾画概念，能从功能、形式、技术、环境等多方面考虑设计方案，并能表达正确的设计内容
设计要求	1. 考虑主题公园的性质，合理布局景观空间，要有独特的设计理念 2. 根据地域的不同，准确合理地选择树种，进行植物配置，使景观空间搭配层次丰富多样 3. 在功能上满足人们休闲、娱乐、观赏的要求，在设计上多运用景观小品来点缀空间，使景观空间内容丰富多彩 4. 设计表达要语言流畅、言简意赅，准确表达设计意图及对图纸的补充说明 5. 尺寸标注符合制图规范，构图合理，图纸数量齐全 6. 植物列表统计准确，并按规范排序
绘图要求	1. 图纸要严格按照国家公园景观规范及工程制图规范进行绘制；正确标注尺寸、材料等 2. 效果图及鸟瞰图可用 SU 软件出图 3. 用 Photoshop 进行后期处理，提供全套方案 4. 展板设计：打印尺寸 600 mm × 900 mm，排版自行设计 5. PPT 汇报稿要求有封面设计、目录、设计说明、方案鸟瞰图、总体平面图、构思概念图、各种分析图、景观意向图、效果图等，按顺序逐一展示作品
提交成果	1. 方案鸟瞰图 2. 总体平面图 3. 构思概念图 4. 功能分析图 5. 植物分析图 6. 流线分析图 7. 景观意向图（不限张数） 8. 植物列表（10 种左右） 9. 3～4 个局部主景效果图 10. 300 字左右的设计说明 11. 展板打印（600 mm × 900 mm） 12. PPT 汇报方案

任务 2　湿地公园景观设计

知识点：湿地公园的含义；湿地公园景观设计原则。

技能点：掌握湿地公园景观设计的方法与步骤，认识湿地公园景观设计要点的重要性。

案例导入

红河哈尼梯田国家湿地公园

葱郁的森林，俊秀的梯田，神奇的云海，神秘的蘑菇房，壮观的长街宴，这些都是哈尼梯田所呈现给世人的美丽景色。红河哈尼梯田位于云南省红河哈尼族彝族自治州红河南岸的元阳、红河、绿春、金平四县境内，总面积82万亩，有1 300年以上历史，其中元阳核心区就达19万亩。

云南红河哈尼梯田湿地公园为国家湿地公园。哈尼梯田随着四季的变换也有着不同的姿态。春夏时节，一片绿色茵茵。秋季的梯田，稻浪滚滚，金光灿灿；而冬季的荡漾水波，仿佛明镜悬于半空。这些多样的景色，时而如同上帝的调色盘，时而又如绚烂的锦缎，美得无以复加（图4-2-1、图4-2-2）。

图4-2-1 红河哈尼梯田国家湿地公园实景（1）

图4-2-2 红河哈尼梯田国家湿地公园实景（2）

红河哈尼梯田成为国家湿地公园以来，哈尼梯田的科学价值得到了极大的提升，进一步推进了哈尼梯田的生态环境保护和世界文化遗产的申报工作。研究表明，千百年来，哈尼梯田不仅为当地百姓提供了赖以生存的稻米和水产品，而且在调节气候、保水保土、防止滑坡、维护动植物多样性等方面发挥了重要的作用，初步具备了建设国家湿地公园的基本条件。有效保护和合理利用人类千年农耕文明——森林、水源、梯田完美结合的自然湿地生态系统，可以推动红河南部地区经济社会发展和社会主义新农村建设，可以加速边疆少数民族地区的经济发展，可以打造和提升红河州国家级民族生态旅游品牌。

评析： 红河哈尼梯田国家湿地公园是以哈尼族为主的各族人民历经上千年的开垦，创造出的梯田农业生态奇观。它既是人文景观，也是自然景观，还是民族文化与自然生态巧妙结合的典范。

资料来源：中国园林网 http://jingguan.yuanlin.com

红河州哈尼梯田湿地公园

知识链接

一、湿地公园的定义

湿地公园是指以湿地良好生态环境和多样化湿地景观资源为基础，以湿地的科普宣教、湿地功能利用、弘扬湿地文化等为主题，并建有一定规模的旅游休闲设施，可供人们旅游观光、休闲娱乐的生态型主题公园。湿地公园是具有湿地保护与利用、科普教育、湿地研究、生态观光、休闲娱乐等多种功能的社会公益性生态公园。现在的湿地公园加强了人文景观和与之相匹配的旅游设施，各地尽力开发本地资源，已经成了人们旅游、休闲的好去处（图4-2-3、图4-2-4）。

图 4-2-3　老河道湿地文化公园鸟瞰

图 4-2-4　老河道湿地文化公园细节

二、城市湿地公园的规划设计

1. 城市湿地公园的规划理念

城市湿地公园规划应尊重湿地原有的生态环境、地形地貌、原有植被，并以湿地的自然复兴、恢复湿地的地域特征为指导思想，以形成开敞的自然生态空间、接纳大量的动植物种类、形成新的群落生态环境为主要目的，为游人提供生机盎然的、多样性的游憩空间。因此，规划应加强整个湿地水域及其周边用地的综合治理。其重点内容在于恢复湿地的自然生态系统并促进湿地的生态系统发育，提高其生物多样性水平，实现湿地景观的自然化。规划的核心任务在于提高湿地环境中土壤与水体的质量，协调水与植物的关系（图4-2-5、图4-2-6）。

2. 城市湿地公园的规划目标

城市湿地公园的规划目标在于减少城市的迅速发展对湿地环境造成的干扰和破坏，改善湿地及其周围的自然生态环境，恢复湿地原有的自然能力，使其具备自我更新的能力，增强城市的自然性，提升城市的生命力。同时，也使城市和自然之间达到一种自然的均衡，并寻求更好的新型共存方式，实现城市湿地环境的可持续发展，满足市民日益增长的接近自然的需求（图4-2-7）。

3. 城市湿地公园的规划方法

为了实现城市湿地公园的规划目标，必须将湿地的整治与景观规划结合起来。首先应开展深入细致的调研工作，从不同层面、不同元素（如地下水位、不同层次的土壤结构、不同层面的构成材料等地下状况，以及动植物在地面上形成的痕迹、动物的活动习性、景观要素的变化规律等外貌特征）着手，达到由表及里的规划深度。规划应紧紧围绕"水"的主题，将湿地公园作为生物与能量交换的生

图 4-2-5 湿地公园的鸟

图 4-2-6 洋湖湿地公园

图 4-2-7 贵州六盘水大明湖湿地公园

态廊道,联系周边的绿地、林地、农田、城市、乡村等各类生态系统,共同形成新的景观整体。

因此,城市湿地公园规划要将构成湿地整个物质循环圈中的各种要素(如水体、农田、土壤、植被、动物、自然状况、生态系统等)作为规划的基本要素,融入形成整体性的地域景观规划要求之中。尤其是湿地环境中的各种自然元素,无论其状态如何,自然的或经过人工处理的,都应作为规划中的最重要元素,以构成城市湿地公园景观类型及景观特色的框架(图4-2-8)。

图 4-2-8 重庆园博园江南湿地

4. 城市湿地公园的规划措施

第一，城市湿地公园规划的最重要环节之一在于实现水的自然循环。首先，要改善湿地地表水与地下水之间的联系，使地表水与地下水能够相互补充。其次，应采取必要的措施，改善作为湿地水源的河流的活力。

第二，城市湿地公园规划的另一最重要环节是采取适当的方式形成地表水对地下水的有利补充，使湿地周围的土壤结构发生变化，土壤的孔隙度和含水量增加，从而形成多样性的土壤类型。

第三，城市湿地公园规划还应从整体的角度出发，对周边地区的排水及引水系统进行调整，确保湿地水资源的合理与高效利用。在可能的情况下，应适当开挖新的水系并采取可渗透的水底处理方式，以利于整个园区地下水位的平衡。

第四，土壤作为景观规划的要素之一，在土层剖面上是由不同材料叠加而成的。不同的土壤类型产生了不同的地表痕迹和景观类型。城市湿地公园规划必须在科学的分析与评价的基础上，利用成熟的经验、材料和技术，发现场地自身所具有的自然演进能力。

三、湿地公园景观设计要点

城市湿地公园建设强调的是湿地生态系统特性和基本功能的保护、展示，突出湿地特有的科普教育功能和自然文化属性。其景观设计要注意以下几点。

1. 保持湿地的完整性

原有的生态环境和自然群落是湿地景观规划设计的重要基础。对原有湿地环境的土壤、地形、地势、水体、植物、动物等构成状况进行调查后，在准确掌握原有湿地情况的基础上科学配置，与湿地原生态系统相互结合，才能在设计中保持原有自然生态系统的完整性。

2. 实现人与自然的和谐

在考虑人的需求之外，湿地景观设计还要综合考虑各个因素之间的整体和谐。只有了解周围居民对该景观的影响、期望等情况，在设计时才能统筹各个因素，包括设计的形式、内部结构之间的和谐，以及它们与环境功能之间的和谐。这样才能在满足人的需求的同时，也能保持自然生态不受破坏，使人与自然融洽共存，达到真正意义上的保持湿地网络系统的完整性（图4-2-9）。

图4-2-9 西溪国家湿地公园

3. 保持生物的多样性

在植物配置方面，一是应考虑植物种类的多样性，二是尽量采用本地植物，三是在现有植被的基础上适度增加植物品种。多种类植物的搭配，不仅在视觉效果上相互衬托，形成丰富而又错落有致的效果，而且与水体污染物的处理功能也能够互相补充，有利于实现生态系统的完全或半完全（配以必要的人工管理）的自我循环。其原则是在现有植被的基础上，适度增加植物品种，从而完善植物群落（图4-2-10、图4-2-11）。

图4-2-10 湿地公园的鸟

图4-2-11 天鹅泉湿地公园

4. 科学配置植物种类

植物的配置设计，从湿地本质考虑，以水生植物作为植物配置的重点元素，注重湿地植物群落生态功能的完整性和景观效果的完美呈现。

从生态功能考虑，应选用茎叶发达的植物，以阻挡水流、沉降泥沙；采用根系发达的植物，以利于吸收水系污染物。

从景观效果考虑，有灌木与草本植物之分，要尽量模拟自然湿地中各种植物的组成及分布状态，将挺水植物（如芦苇）、浮水植物（如睡莲）和沉水植物（如金鱼草）进行合理搭配，形成更加自然的多层次水生植物景观。

从植物特性考虑，应以乡土植物为主，以外来植物为辅，保护生物的多样性。

因地选择植物品种，乔灌木及地被植物可选用银杏、香樟、水杉、樱花、落羽杉、池杉、楸树、黄连木、乌桕、苦楝、石楠、枫杨、榕树、垂柳、沙地柏、迎春、石竹等；水生植物可选用荷花、菖蒲、香蒲、泽泻、水鸢尾、芦苇、金鱼草、水竹、水蓼、水葱、金鱼藻等；草坪草可选用冷季型的早熟禾、黑麦、剪股颖，暖季型的狗牙根、地毯草、马蹄金等（图4-2-12、图4-2-13）。

图4-2-12 湿地植物配置——夏景

图4-2-13 湿地植物配置——秋景

资料袋

 西溪国家湿地公园   苏州太湖湿地公园   新疆伊犁天鹅泉湿地公园   沙家浜国家湿地公园

任务实训

湿地公园景观设计任务书	
项目概况	本项目是湿地公园景观规划设计，要在对基地整体环境理解的基础上，灵活运用湿地公园景观规划的方法和植物配置的要点等，创造出舒适宜人的旅游、休闲、观赏生态环境
项目原始平面	
设计目的	1. 了解湿地公园景观规划设计：学会分析客户心理需求，准确定位湿地公园景观设计，满足人的心理和生理的需求 2. 熟悉湿地公园景观设计要点：合理的植物搭配，层次分明，主要配置适合湿地的植物和动物的生长环境 3. 掌握湿地公园景观设计步骤：学会分析、勾画概念，能从功能、形式、技术、环境等多方面考虑设计方案，并能表达正确的设计内容
设计要求	1. 考虑湿地公园的性质，合理布局景观空间，要有独特的设计理念 2. 根据地域的不同，准确合理地选择树种，进行植物配置，使景观空间搭配层次丰富多样 3. 在功能上满足人们休闲、观赏的要求，在设计上多运用植物和动物来点缀空间，使景观空间内容丰富多彩 4. 设计表达要语言流畅、言简意赅，准确表达设计意图及对图纸的补充说明 5. 尺寸标注符合制图规范，构图合理，图纸数量齐全 6. 植物列表统计准确，并按规范排序

续表

	湿地公园景观设计任务书
绘图要求	1. 图纸要严格按照国家工程制图规范进行绘制；正确标注尺寸、材料等 2. 效果图及鸟瞰图可用 SU 软件出图 3. 用 Photoshop 进行后期处理，提供全套方案 4. 展板设计：打印尺寸 600 mm×900 mm，排版自行设计 5. PPT 汇报稿要求有封面设计、目录、设计说明、方案鸟瞰图、总体平面图、构思概念图、各种分析图、景观意向图、效果图等，按顺序逐一展示作品
提交成果	1. 方案鸟瞰图 2. 总体平面图 3. 构思概念图 4. 功能分析图 5. 植物分析图 6. 流线分析图 7. 景观意向图（不限张数） 8. 植物列表（10 种左右） 9. 3～4 个局部主景效果图 10. 300 字左右的设计说明 11. 展板打印（600 mm×900 mm） 12. PPT 汇报方案

任务 3　儿童公园景观设计

知识点：儿童公园景观设计的含义；儿童公园景观设计的要点。

技能点：掌握儿童公园景观设计的方法与步骤，认识儿童公园景观设计要点的重要性。

案例导入

德国舒尔伯格雕塑儿童游乐场

德国舒尔伯格雕塑儿童游乐场由立体构架、模拟地貌、环绕游乐广场的林荫大道三个基本组成部分构成（图 4-3-1、图 4-3-2）。

图 4-3-1　游乐场全景布置图

图 4-3-2　绿色钢管立体构架

游乐场的第一个基本部分是一个立体构架,它也是最主要的部分,它由两根在树丛间蜿蜒浮动、距离和高度相平衡的绿色钢管构成。此结构中部为一个由密实的攀爬网围成的环形,可供儿童开展一系列的游戏活动。这一结构为五边形,灵感源自威斯巴登城市的历史形态,钢管的起伏依据场地的城市环境、入口环境或眺望点而设。钢管结构不高于3 m。环内有6个主要的游乐活动停留点,如藤条花园内有攀登的藤条、秋千,陡峭的攀爬墙(图4-3-3、图4-3-4)。

图4-3-3　立体构架设施(1)　　　　　　　　图4-3-4　立体构架设施(2)

游乐场的第二个基本组成部分是由攀爬结构封闭起来的模拟地貌,软橡胶构成的小山和圆环被沙坑环绕,树丛簇拥,这是较年幼儿童的游乐设施(图4-3-5、图4-3-6)。

图4-3-5　模拟地貌(1)　　　　　　　　图4-3-6　模拟地貌(2)

游乐场的第三个基本组成部分是环绕游乐场的宽阔通道所构成的林荫大道,此处提供长凳(图4-3-7)。

图4-3-7　游乐场休憩空间

项目四 公园景观规划设计 117

评析：德国威斯巴登舒尔伯格山的改造创造出了一片与众不同的公共场所，其杰出的建筑美以及足以俯瞰市中心的视角吸引着各个年龄段和不同民族背景的人们在玩耍的过程中彼此交流、相互了解。这片公共场所的中心是一个艺术化造型的游乐场，这个儿童游乐场由一个巨大的空间结构构造而成。由于其不同寻常的雕塑设计，游乐场既要强调此处的都市重要性，又要为人们提供各种吸引人的游戏活动。

资料来源：BBS 园林景观　http://bbs.zhulong.com

德国舒尔伯格雕塑
儿童游乐场

知识链接

一、儿童公园的含义

儿童公园一般指为少年儿童服务的户外公共活动场所。它是强调互动乐趣的功能性园林，也是互动园林的代表。同时，儿童公园也强调了使用主体的特殊性，一般作为儿童成长活动的重要社会场所（图 4-3-8、图 4-3-9）。

图 4-3-8　哥本哈根的 BRUMLEBY 游乐场

这个"颠三倒四"的游乐场中心是由三座扭曲的房子连接而成的，房子之间通过吊桥连接，在房子的墙面上有用来攀爬的把手，房子的窗口还设置了扶梯。BRUMLEBY 游乐场还提供跷跷板、秋千和单杠。

> 这个地方是由一辆废弃的老火车改造而成的,使用的都是废弃材料,展现的却是一个丰富多彩的游乐场。这里有用废弃材料做成的马匹造型秋千,以及用轮胎做成的攀爬墙和滑索道。

图 4-3-9　秘鲁的幽灵列车（GHOST TRAIN）

二、儿童公园的分类

（1）综合性儿童公园。一般可以比较全面地满足儿童多样活动的要求,设有各种游乐设施、体育设施、文化设施和服务设施。

（2）特色性儿童公园。以突出某一活动内容为特色,并有着较为完整的系统（图 4-3-10）。

（3）小型儿童乐园。通常设在城市综合性公园内,作用与儿童公园相似,特点是占地较少、设施简单、规模较小（图 4-3-11）。

图 4-3-10　特色性儿童公园鸟瞰

图 4-3-11 儿童公园细节

三、儿童公园景观设计要点

由于儿童公园专为青少年儿童开放,所以,在设计过程中应考虑到儿童的特点。儿童公园设计主要有以下设计要点。

(1)儿童公园的用地应选择日照、通风、排水良好的地段。

(2)儿童公园的用地应选择天然的或经人工设计后性能良好的自然环境,绿地一般要求占 60%以上,绿化覆盖率宜占全园的 70% 以上。

(3)儿童公园的道路规划要求主次路系统明确,尤其是主路能起到辨别方向、寻找活动场所的作用,最好在道路交叉处设图牌标注。园内路面宜平整,不设台阶,以便于儿童推车前行和儿童骑小三轮车游戏的进行。

(4)幼儿活动区最好靠近儿童公园出入口,以便幼儿入园后,很快地进入幼儿游戏场开展活动。

(5)儿童公园的建筑、雕塑、设施、园林小品、园路等要形象生动、造型优美、色彩鲜明。园内活动场地题材多样,主题多运用童话寓言、民间故事、神话传说,注重教育性、知识性、科学性、趣味性和娱乐性(图 4-3-12~图 4-3-16)。

图 4-3-12 儿童公园娱乐设施(1)

图 4-3-13 儿童公园娱乐设施(2)

图 4-3-14　儿童公园娱乐设施（3）

图 4-3-15　儿童公园地面铺装

图 4-3-16　儿童公园公共设施

资料袋

法国里昂 Blandun 儿童公园	日本黎明儿童的森公园	广州市儿童公园	重庆儿童公园

任务实训

儿童公园景观设计任务书

项目概况	本项目是儿童公园景观设计，要在对基底整体环境了解的基础上，遵从儿童景观设计要点，创造出独具特色，适合儿童玩耍的景观环境

续表

	儿童公园景观设计任务书
项目原始平面	城市商业区／居住小区／居住小区（原始平面示意图）
设计目的	1. 了解儿童公园景观设计分类：学会分析客户心理需求，准确定位儿童公园的种类，满足不同人的心理和生理的需求 2. 熟悉儿童公园景观设计要点：合理的植物搭配，层次分明，季相变化明显，道路顺畅，地面铺装变化精致，儿童参与性设施要多样化，能营造出符合儿童公园的主题 3. 掌握儿童公园景观设计步骤：学会分析、勾画概念，能从功能、形式、技术、环境等多方面考虑设计方案，并能表达正确的设计内容
设计要求	1. 考虑儿童公园的性质，合理布局景观空间，要有独特的设计理念 2. 根据地域的不同，准确合理地选择树种，进行植物配置，使景观空间搭配层次丰富多样 3. 在功能上满足儿童娱乐、观赏的要求，在设计上多运用儿童设施来点缀空间，使景观空间内容丰富多彩 4. 设计表达要语言流畅、言简意赅，准确表达设计意图及对图纸的补充说明 5. 尺寸标注符合制图规范，构图合理，图纸数量齐全 6. 植物列表统计准确，并按规范排序
绘图要求	1. 图纸要严格按照国家工程制图规范进行绘制；正确标注尺寸、材料等 2. 效果图及鸟瞰图可用 SU 软件出图 3. 用 Photoshop 进行后期处理，提供全套方案 4. 展板设计：打印尺寸 600 mm×900 mm，排版自行设计 5. PPT 汇报稿要求有封面设计、目录、设计说明、方案鸟瞰图、总体平面图、构思概念图、各种分析图、景观意向图、效果图等，按顺序逐一展示作品
提交成果	1. 方案鸟瞰图 2. 总体平面图 3. 构思概念图 4. 功能分析图 5. 植物分析图 6. 流线分析图 7. 景观意向图（不限张数） 8. 植物列表（10 种左右） 9. 3~4 个局部主景效果图 10. 300 字左右的设计说明 11. 展板打印（600 mm×900 mm） 12. PPT 汇报方案

公园规划设计规范

参考文献 REFERENCES

[1] 崔怀祖，胡青青. 园林规划设计 [M]. 北京：机械工业出版社，2016.
[2] 许景涛，饶鉴，王宇. 景观设计应用与实训 [M]. 西安：西安交通大学出版社，2016.
[3] 曹福存，赵彬彬. 景观设计 [M]. 北京：中国轻工业出版社，2014.
[4] 武文婷，任彝. 景观设计 [M]. 北京：中国水利水电出版社，2013.
[5] 董君. 庭院细部元素设计④ [M]. 北京：中国林业出版社，2016.
[6] 王萍，杨珺. 景观规划设计方法与程序 [M]. 北京：中国水利水电出版社，2012.
[7] 郭舜，谢广锋. 园林规划设计 [M]. 厦门：厦门大学出版社，2015.
[8] 刘杨. 城市公园规划设计 [M]. 北京：化学工业出版社，2010.
[9] [美] 格兰特·W·里德. 园林景观设计：从概念到形式 [M]. 2版. 郑淮兵，译. 北京：中国建筑工业出版社，2010.
[10] 叶徐夫，刘金燕，施淑彬. 居住区景观设计全流程 [M]. 北京：中国林业出版社，2012.